纸上茶烟

诗文中的墨客茶事

曾莹 著

广东教育出版社

图书在版编目（CIP）数据

纸上茶烟 / 曾莹著. —广州：广东教育出版社，2020.1
ISBN 978-7-5548-2662-1

Ⅰ.①纸… Ⅱ.①曾… Ⅲ.①散文集—中国—当代 Ⅳ.①I267

中国版本图书馆CIP数据核字（2018）第300178号

书名题字：陈斯鹏
责任编辑：赖晓华　黄子桐
助理编辑：曾静蕾
责任技编：姚健燕
装帧设计：邓君豪

纸上茶烟
ZHI SHANG CHAYAN

出版发行：	广东教育出版社
地　　址：	广州市环市东路472号12-15楼
邮政编码：	510075
网　　址：	http://www.gjs.cn
经　　销：	广东新华发行集团股份有限公司
印　　刷：	广州市金骏彩色印务有限公司
	（广州市荔湾区芳村东沙大道翠园路123号沙洛工业区C座）
开　　本：	787毫米×1092毫米　1/16
印　　张：	18　字　数：360 000字
版次印次：	2020年1月第1版　2020年1月第1次印刷
定　　价：	68.00元

ISBN 978-7-5548-2662-1

质量监督电话：020-87613102　邮箱：gjs-quality@nfcb.com.cn
购书咨询电话：020-87615809

闲来把盏

喝下的从来不只是茶

还有那或清香或深沉的

时光

一盏时光作响

东坡嗜茶更知茶,所以他论到茶的那些文字,总是叫人把玩不尽。对于嗜茶之人来说,展读其文,可谓茶气四溢,如对醇茶。其集中,有一篇《题万松岭惠明院壁》写得大有意趣,录之如下:

予去此十七年,复与彭城张圣途、丹阳陈辅之同来。院僧梵英,葺治堂宇,比旧加严洁。茗饮芳烈,问:"此新茶耶?"英曰:"茶性新旧交,则香味复。"予尝见知琴者,言琴不百年,则桐之生意不尽,缓急清浊,常与雨旸寒暑相应。此理与茶相近,故并记之。

东坡所处的时代,茶饮乃是以新为尚。观其所作《书茶墨相反》,就有:

茶欲其白,常患其黑。墨则反是。然墨磨隔宿则色暗,茶碾过日则香减,颇相似也。茶以新为贵,墨以古为佳,又相反矣。

所以，喝到气馥味厚的茶，身为饮客的第一个反应总是："这是当年的新茶吗？"院僧的回答有趣。他说这茶乃是处在新旧交替之时，这种阶段的茶，香气又会有所唤醒，仿佛回到新茶的状态。东坡由此想到了琴。制琴之桐，在不足百年的光阴里，仍然保持着不尽的生意，会随着时间而有相应的变化。他还继续说："此理与茶相近，故并记之。"

在一个唯新是尚的喝茶时代，能够看到茶与时光之间的牵系并对此称赏有加，这真是难得的通脱。今人喝茶，不再唯新是举，其实，也正是看到了茶与时光之间的这份牵系。特别是在普洱茶身上。普洱茶的妙处，正在于它的滋味会随着岁月的迁延、存放地方的差异而产生各异的变化。同一味芳烈，却可以在岁月的流逝、地方的变换中演绎出无穷的层次与纹理。这样的变化，在普洱生茶上表现得最为分明。因而，大多善饮之人，往往更为看重生茶——他们所看重的，就是生茶可以随着时光发生变化的无尽可能。

作为新茶的普洱生茶，它的芳烈是一帧明媚夺目的青绿山水。轻啜一口，舌尖皆是生意的盎然，无法掩抑的新锐。那种况味，让你想到的，是初涉世事的少年往日。唇齿之间，只有简单的狂傲与锋芒。

三五年之后，芳烈的茶香依然芳烈，但那滋味明显要醇厚深长得多。它的诉说与表达，不再是单一的一味——依然有明亮的青绿色泽，却又多了许多宽厚与包容的线条。这时的茶味，会在清冽中沁出甘甜，没有刻意，只有自然。

十年以后，那份芳烈早已深入叶脉肌理。绿意褪去，转换成深褐的红，仿如秋天到来，山壑之中满目的红叶，绚烂耀目，更平淡沉郁。这个时候的茶气，第一泡时就已经沁入心脾；十几泡后，却依然能够萦绕在唇舌之间。不待炫耀，不待标榜，却已拥有了叫人艳羡的自在与从容、超拔与旷然。

所以，喝茶一事令人神驰，除了它可以放慢日常的节奏，喝出繁忙之外的闲适，更在于，它能够令我们去到一室之外，与山水相对，同时也走进这时间的流波，随之一同旋转。可以说，每一盏清茗，都是一盏琤珑作响的时光。闲来把盏，喝下的从来不只是茶，还有那或清透或深沉的时光。

目　录

茶有知己

- 002　茶有知己
- 007　张岱与茶
- 011　郑板桥竹不离茶
- 017　元人咏茶
- 021　南柯一梦酒同茶
- 025　笠翁闲情不及茶
- 029　黄山谷咏茶
- 033　秦学士茶词（一）
- 037　秦学士茶词（二）
- 040　龚定庵与茶
- 044　小修与茶
- 048　『没有茶气』与『茶气太过』
- 052　饮非其人茶有语，闭门独啜心有愧

茗饮之时

- 058 茗饮之时
- 062 端午谈茶
- 065 入夜茶白
- 068 饮他一盏秋光
- 072 秋灯茶语
- 076 雪窗宜茶
- 080 除夕茶俗
- 085 趁春光便,换盏春茶
- 089 春风正窈窕
- 093 春雨分茶
- 097 四月茶语
- 101 清明已过
- 105 雨窗宜茶
- 109 夏风如茗
- 114 夏初临,睡分茶
- 118 唐诗中的夏日茶事
- 122 秋天与茶
- 126 茶梦秋声
- 130 三二声,秋月下

煮泉啜茗

136 《卧雪诗话》与普洱茶
139 霞客茶踪
142 红楼梦中茶
145 世情茶一盏
149 江湖茶事
153 看山与饮茶
156 煮泉啜茗
160 冷面草与苦口师
164 茶梦一则
168 小窗幽茶
172 封号与神情
176 余澹心《采茶记》
180 最最遥远的路程
184 张岱《斗茶檄》
188 羔儿无分谩煎茶
192 徐文长《煎茶七类》

暂同杯茗

- 198　茶与人品
- 201　莫言释子家风,真是道人受用
- 205　何处难忘茶
- 209　茶酒之间
- 213　绿尘愁草春江色
- 218　豪杰与茶
- 222　茶烟袅袅
- 226　一缕茶烟透碧纱
- 230　家常茶饭
- 234　在旧日春风里
- 239　一枕茶声梦里长
- 244　歌未央,茶亦然
- 248　暂同杯茗
- 252　饭饱茶香
- 256　闲话茶事
- 260　关于『斗茶』
- 264　最茶的茶
- 269　茶墨之间

273　后记

茶

有知己

茶有知己

公安袁中郎性命于山水，故其山水游记清泠可喜、越出古今，此人所共知者也。中郎嗜花嗜酒，有《瓶史》《觞政》二种传世，此亦无须多言。于茶一种，关系略显隐晦，却也直堪以知己目之。

中郎写有《板桥施茶疏》一文，即将其"知己身份"和盘托出：

繁热隆寒，九十者半。渴骥奔泉，行人在道，当其炎则焰在喉，当其寒则冰在腹。取之杯杓之间，而所活者，至不可计。至若春煖秋明，解装释驮，游人踏沙而过,羁鞳之客,伤风烟之顿异,而流光之为尘足也,烦懑之时,忽此一杯,眼若开而心若释,亦足以少舒其困顿之苦,而发泄其羁旅无聊之况也乎?

茶可活人。烦懑之时,忽此一杯,消得多少繁热隆寒的苦况,慰多少天涯羁旅的尘梦。就算并非行人,饮他一杯,也可眼开心释,系驻流光。

对花之时,最宜茶。中郎《瓶史》言及"清赏",有"茗赏者上也,谭赏者次也,酒赏者下也"数语。以清茶对花,似乎才能了无俗情俗态。谈及"监戒",又有"花快意凡十四条",其中之一,即"门僧解烹茶"——山寺当中,僧人知茶,如此,才能使花免受折辱,得其快意。这样看来,《红楼梦》栊翠庵中的红梅开得最好,与妙玉知茶,实在不无关联。

游赏山水,同样宜茶。中郎《游高梁桥记》写道:"时柳梢新翠,山色

世味但尝燕市酒,
乡情惟有普山茶。

微岚，水与堤平，丝管夹岸。趺坐古根上，茗饮以为酒，浪纹树影以为侑，鱼鸟之飞沉，人物之往来，以为戏具。"茶，即如酒一般，能够令得人沉醉醺然。《入东林寺记》又有："茶竟，听泉石上，遇其泓则漱，屿则坐，不觉至西林。"茶，显然也和泉石一样，可以令得人心里一脉澄明，忘怀所有。

中郎写给友朋的尺牍，言及于茶，往往与山水比肩：

近日游兴发不？茂苑主人虽无钱可赠客子，然尚有酒可醉，茶可饮，太湖一勺水可游，洞庭一块石可登，不大落寞也。如何？

确实，登山临水之际，对月影花之辰，拂不尽襟上风烟之时，倘若有茶在手，这人生便不大落寞也。

<u>茶之为物，以清为性，以韵为魂。堪为茶的知己，</u>其人之韵与清自可想见。中郎为令吴县后，寄其同社尺牍有云："吴中得若令也，五湖有

长,洞庭有君,酒有主人,茶有知己……"自恃如此,却丝毫不妄,隔着无穷的岁月,也实在叫人想要遥遥地共此一杯。

张岱与茶

明末清初张岱,耽于茶事,尝以"茶淫桔虐"自况,其人于茶之嗜与痴无须多言。

当日,张岱撰有《茶史》一种,意欲"使世知茶理之微如此,人毋得浪言茗战也"。今日,我们仍可读到《茶史序》一文。依该文所记,张岱于茶,不仅可以明辨季节——"香扑烈,味甚浑厚,此春茶耶?向瀹者的是秋采",同时还能细味水之微异——"惠水至此千里,岂有水之圭角毫芒不动,生磊若是乎"。无怪乎茶人闵汶水抚掌赞叹,当即以知己视之——"余年七十,精饮事五十余年，未尝见客之赏鉴若此之精也，五十年知己，无出客右。"而于茶饮赏鉴能精到这个份上，非有痴性者，绝难为之。

对于所好之物，张岱向是"远则岁致之，近则月致之，日致之。耽耽逐逐，日为口腹谋"。于茶饮一事，其耽耽逐逐程度，同样令人咋舌。好饮成癖之余，张岱还曾亲往山中做茶。《琅嬛文集》载有《往日铸山做茶》一诗，所咏即此：

茶客年来聚若萍，家家摘叶满山铛。
地多荒确存茶品，天有阴晴乱世评。
薄取苍凉雪作骨，远收空翠月为情。
自惭昔日缘何事，愿力开山留此名。

其中，"薄取苍凉雪作骨，远收空翠月为情"一联最是精彩，用力不多，却已将日铸茶那份沁人的清冽品性刻画殆尽。在张岱笔下，日铸之茶，向来都属"茶味棱棱有金石之气"者，若非深谙茶事之人，绝难有此体认。而他所亲

制之日铸茶，更以"兰雪"名之。《陶庵梦忆》中《兰雪茶》一则便记有：

> 候其冷，以旋滚汤冲泻之，色如竹箨方解，绿粉初匀，又如山窗初曙，透纸黎光。取清妃白倾向素瓷，真如百茎素兰同雪涛并泻也。

以山窗初曙、黎明破晓之光色形容于茶，又贴切，又别致。这样的文字，确实称得上古今无两——不但绘出汤色之清越透亮，同时也将张岱对茶的那份倾心,还有胸臆间的恬然、欣然都驰于笔下。虽然,现今饮茶之法已不同斯时,但对于清越透亮的好尚,却是古今而一。张岱之深谙茶理,可见一斑。

于《祁止祥癖》一文中,张岱还写过这样的句子:"人无癖不可与交,以其无深情也;人无疵不可与交,以其无真气也。"由此观之,则张岱对于茶事的耽溺,耽溺到直以"茶淫"自认,其为癖、成疵可知,其深情与真气亦可见。当今之世,斗茶辨水仍然不乏其人,但似张岱这般韵极痴极者,却是再难寻觅了。

郑板桥竹不离茶

郑板桥写竹，独步今古；郑板桥之题画竹，亦足称清绝妙绝。而郑板桥所题画竹，则总在竹茶并举——竹之清，赖有茶之清，更觉清气满纸；借一段茶烟缭绕，也为这"吹入湘波一江绿"的竹，平添了若干情韵。既是生活的暖色，也是在在可见的雅趣，时刻彰显着对于人间的忘怀与超拔。

其题画竹之作，屡见这样的笔墨：

三间茅屋，十里春风，窗里幽兰，窗外修竹。此是何等雅趣，而安享之人不知也。懵懵懂懂，没没墨墨，绝不知乐在何处。惟劳苦贫病之人，忽得十日五日之暇，闭柴扉，扫竹径，对芳兰，啜苦茗，时有微风细雨，润泽于疏篱仄径之间；俗客不来，良朋辄至，亦适适然自惊，为此日之难得也。

柴扉竹径，芳兰苦茗，兼之微风细雨，这等清绝彻骨的氛围确实容不得任何俗客厕身，惟允良朋比肩。

类似的文字，还有：

茅屋一间，天井一方，修竹数竿，小石一块，便而成局，亦复可以烹茶，可以留客也。月中有清影，夜中有风声，只要闲心消受耳。

茅屋一间，新篁数竿。雪白纸窗，微侵绿色。此时独坐其中，一盏雨前茶，一方端砚石，一张宣州纸，几笔折枝花，朋友来至，风声竹响，愈喧愈静，家僮扫地，侍女焚香，往来竹阴中，清光映于画上，绝可怜爱。何必十二金钗，梨园百辈，须置身于清风静响中也。

昨游江上，见修竹数千株，其中有茅屋，有棋声，有茶烟飘飏而出，心窃乐之。次日过访其家，见琴书几席，净好无尘，作一片豆绿色，盖竹光相射故也。

茅屋不论是一间三间，总是一临幽竹，便有清茶。这么一种相依相傍的关系，果然令人印象深刻。一盏雨前茶，几丛风下竹，生涯若此，也确实是愈喧愈静，只须闲心消受便好。

具体到板桥题画诗中，茶竹并书的例子更是不胜枚举。信手，便可捡拾如下：

琼条玉线才开碧，凤尾鸾翎已扫空。
自是书窗借青翠，砚池茶碗色如葱。

曲曲溶溶漾漾来，穿沙隐竹破莓苔。
此间清味谁分得，只合高人入茗杯。

几枝新叶萧萧竹，数笔横皴淡淡山。
正好清明连谷雨，一杯香茗坐其间。

清，是竹的魂魄，也是郑氏的魂魄。竹茶之并书，便使这魂魄更见分

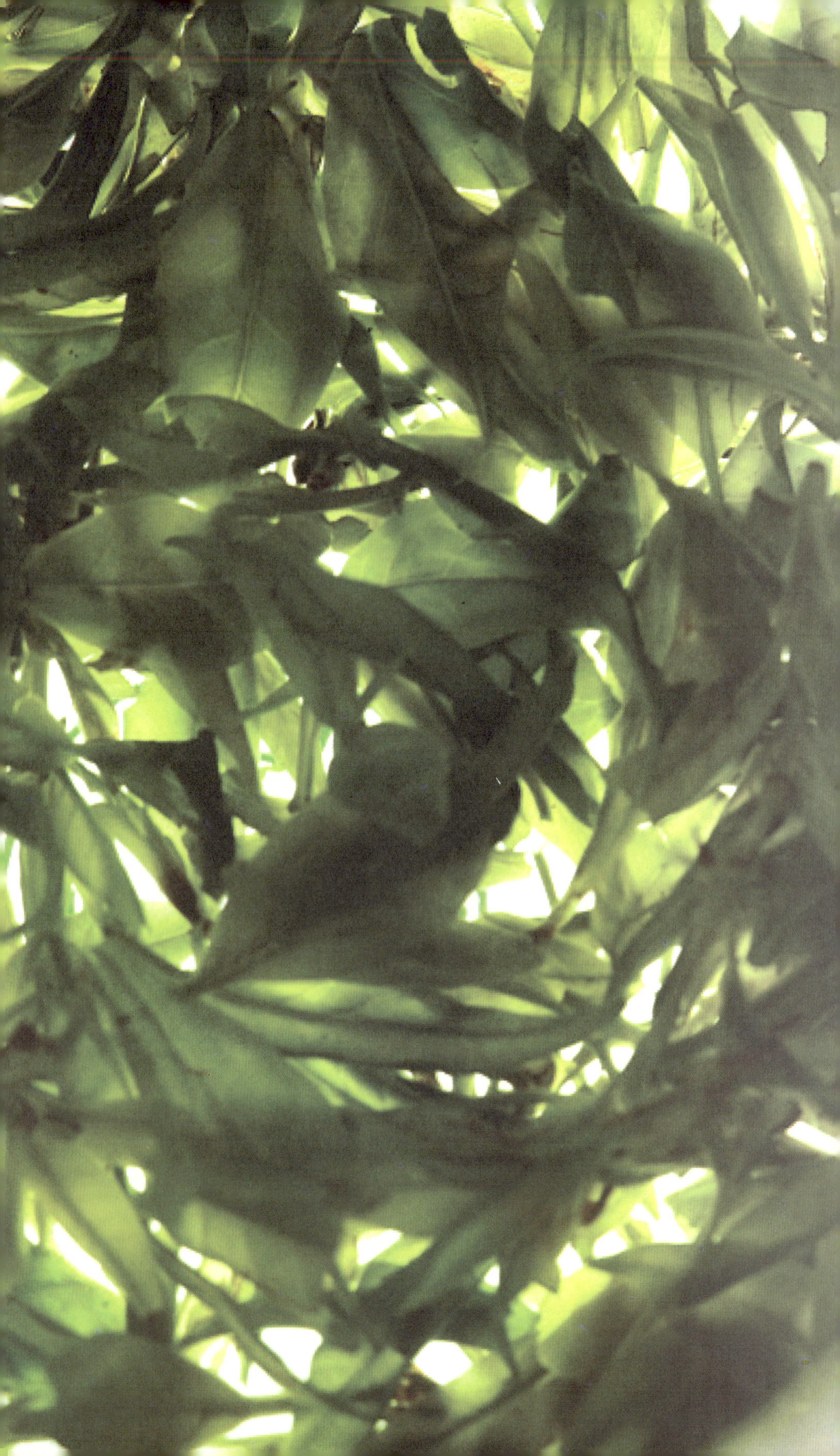

琼条玉线才开碧,凤尾鸾翎已扫空。自是书窗借青翠,砚池茶碗色如葱。

明了。"忽焉而淡,忽焉而浓。究其胸次,万象皆空",这固然是画竹之至境,又何尝不是喝茶之至境——浓淡不拘,只求胸次间尘氛一扫,冲豁云山,吞吐古今。

元人咏茶

提及元代，我们所能想到的似乎都和词气鹰扬、马上杀伐有关。就算遥想下当时人们的生活场景，也多为勾栏舞袖、市井喧阗。行进到马可·波罗的见闻中，更无非是衙一味闹热的工商杂处、物象繁华。这个时代所有的一切，几乎都处在雅致恬淡的反面。于是，在这史上最广大的疆宇当中，我们甚至很难窥见一盏闲茶的容身之处——翻看元人杂剧，不是茶饭不思，就是商人贩茶——剧本当中的茶，基本都是闪着粗伧光泽的字样。

实际上，元代当然也有山林泉石，

同样缀着月星风露，也不乏，可以将茶和闲逸系在一起的辰光。幸而，元人还留下了一些关于茶的题咏。这些咏茶的篇目，就凝铸了一份隐匿于喧扰背后的雅致生涯。透过诗句中的茶烟袅袅，我们会猛然省觉——这样一个不足百年的世代，确实不只有活色生香一项。它的面容，也存有急管繁弦背后的沉静与明澈。

元人谢宗可在元诗人中以咏物知名。其咏物诗当日风行一时。而他所咏之物，就有不少和茶相关。有一首《茶烟》，单看题目，就韵得无以复加。其首联为："玉川炉畔影沉沉，淡碧萦空杳隔林。"这淡碧色的烟，萦空悬林的片时间，不知抚慰了多少在伧俗中无力挣扎的心魂。

显然，元人饮茶，仍是烹煎为主。所以看到《雪煎茶》《煮茶声》这样的诗题，我们便有了理所当然的会心。先看这首《雪煎茶》：

夜扫寒英煮绿尘，松风入鼎更清新。
月团影落银河水，云脚香融玉树春。
陆井有泉应近俗，陶家无酒未为贫。
诗脾夺尽丰年瑞，分付蓬莱顶上人。

读这一首，会感叹元代无愧是全真道盛行的时段。这《雪煎茶》写得，真是道骨仙风，尽在绿尘松风间。

至于《煮茶声》，同样也是满纸的仙家烟霞。"龙芽香煖火初红，曲几蒲团听未终。瑞雪浮江喧玉浪，白云迷洞响松风"，这声响听在耳内，哪里还会记挂得起尘世间的蜗角争斗、毫端功名。

与茶相关的诗题而外,谢宗可还有一首《半日闲》,其实也提到了茶:

闲处光阴未有涯,偶然一晌到山家。
坐看云起昼停午,静听泉流日未斜。
槐影正圆初破睡,竹阴微转罢分茶。
也胜忙里风波客,十二时中老鬓华。

读懂一个人的最佳方式,大概就是看他闲时如何驱遣光阴。如果能在竹阴中、槐影下,用一盏清茶虚度辰光,将这有限又偶然的闲暇啜饮得无边无涯,那么,就算写下的句子再无情味,他也早把日子过成了诗——确实胜却了人间无数,无论是忙里风波之客,还是闲中世俗之流。

南柯一梦酒同茶

明代戏曲大家汤显祖有所谓"临川四梦",大家最熟悉的莫过于其中的《牡丹亭记》。明代的沈德符就说过:"汤义仍《牡丹亭梦》(即《牡丹亭记》)一出,家传户诵,几令《西厢》减价。"明末清初张岱之评"四梦"则有:"汤海若初作《紫钗》,尚多痕迹。及作《还魂》,灵奇高妙,已到极处。《蚁梦》《邯郸》,比之前剧,更能脱化一番,学问较前更进,而词学较前反为削色。盖《紫钗》则不及,而'二梦'则太过。过犹不及,故总于《还魂》逊美也。"其中《还魂》,指的就是《牡丹亭记》，由此两段引文，则举世之重《牡丹亭》可见一斑。

实际上，"四梦"当中，曲词之美足以和《牡丹亭记》抗衡的，还有《南柯梦记》。《南柯梦记》所写，就是"南柯一梦"的故事。其中，那位到大槐安国娶了公主、做了驸马，成了南柯太守的男人名叫淳于棼。汤显祖《南柯梦记》中最动人的曲词，也就恰关乎淳于棼之酒与茶。

写酒的段落，当然是大头。若非那酒，淳于棼如何能够一醉入梦，又如何能够去到大槐安国有那么一番奇遇。不过，汤显祖写到淳于棼和酒，动人处却也不在狂荡，而在表面豪宕的背后，掩映不住的那一襟苍凉。比如，淳于棼初上场时就有那一番沉醉：

【前腔】
　　把大槐根究，鬼精灵庭空翠幽。恨天涯摇落三杯酒，似飘零落叶知秋。怕雨中妆点的望中稠，几年间马蹄终日因君骤。论知心英雄对愁，遇知音英雄散愁。

而在入梦之前，其醉仍有：

【前腔】

好不惺憁，似太白驴驮压绣骢。醉的那躯劳重，枕席无人奉。[生]空。江冷玉芙蓉，水天秋弄。门院萧条，做不出繁华梦，[扶睡介]只落得枕上凉蝉诉晚风。

两支曲词潇洒疏放，可谓写尽世上失意人之心事。在这样的局面下，看似没有茶的立足之处。可偏偏在入梦一醉前，汤显祖写到了茶。

[吐介][溜、沙]哎也，一肚子都倒在我两人腿脚上，好酒，好酒。山鹧哥快取茶来。

【前腔】

你泛滥流琼，倒玉山因一盏倾。待把你衣冠正，你好把跷儿定。[取茶进介]兄，靠着小围屏，一杯清茗。消洒西风，醒后留清兴，和你待月乘凉看小萤。

读这几行，会觉得这溜二、沙三两人大概是史上最可爱的帮闲了——不但有情，而且有诗心。好个"靠着小围屏，一杯清茗"，就凭这几行，对这族类的厌弃也消了许多。然而作者于此，仍有深意可寻——令人沉醉，酒果然是根源吗？使人清醒，茶果然有此能乎？其实，<u>何处不是虚空中所结一大窠也。能够沉醉，因其有情；能够清醒，亦因其有情</u>。所谓"梦了为觉，情了为佛"，正在此间。

笠翁闲情不及茶

明末清初李渔写有《闲情偶寄》一书，差不多网罗了所有与闲情相关的物什——词曲、演习、声容、居室、器玩、饮馔、种植、颐养，实可谓无所不包。余怀为之序即称之曰：

余读李子笠翁《闲情偶寄》而深有感也。昔陶元亮作《闲情赋》，其间为领、为带、为席、为履、为黛、为泽、为影、为烛、为扇、为桐，缠绵婉姿，聊一寄其闲情，而万虑之存，八表之憩，即于此可类推焉。今李子《偶寄》之书，事在耳目之内，思出风云之表，前人所欲发而未竟发者，李子尽发之；

今人所欲言而不能言者，李子尽言之。

然而，和闲情最为密切的茶，在李渔这部《闲情偶寄》中却偏偏未见踪影——有提及阳羡砂壶的茶具段落，有对《明珠记·煎茶》一段的修改，却于饮馔部不著茗事，这确是令人骇异的事实。几乎要叫人不由猜揣李渔对茶的态度：不知笠翁是否以茶为敌？不然，既云闲情，何以不及？

对此，李渔自己有个解释，原来他并非与茶为仇，反而恰恰是嗜茶如命。在《闲情偶寄·饮馔部》之末，李渔撰有《不载果食茶酒说》一篇，其文曰：

果者酒之仇，茶者酒之敌，嗜酒之人，必不嗜茶与果，此定数也。凡有新客入座，平时未经共饮，不知其酒量浅深者，但以果饼及糖食验之。取到即食，食而似有踊跃之情者，此即茗客，非酒客也；取而不食，及食不数四而即有倦色者，此必巨量之客，以酒为生者也。以此法验嘉宾，百不失一。予系茗客而非酒人，性似猿猴，以果代食，天下皆知之矣。讯以酒味则茫然，与谈食果饮茶之事，则觉井井有条，滋滋多味。

所以，笠翁之所以写尽色色闲情而毫不及茶，就在于他担心自己难于尽兴。若如他事一般扼要言之，无疑是亏欠了深爱之物——"惧其略也"；可若果真放开来写，恣意而为，则又——"性既嗜此，则必大书特书，而且为罄竹之书，若以寥寥数纸终其崖略，则恐笔欲停而心未许，不觉其言之汗漫而难收也。且果可略而茶不可略，茗战之兵法，富于《三略》《六韬》，岂《孙子》十三篇所能尽其灵秘者哉"。如此不吝夸饰的笔墨，道出了李笠翁对于茗

事发自肺腑的热爱。甚至在他看来，茗战一事所具有的奥妙，居然连高深的兵法都不能穷尽。所以，与其受限于篇幅不能痛快命笔，还不如绝口不谈令人揣想。李渔为人为文之别出心裁，于此可见一斑。尤侗称其"所著《闲情偶寄》若干卷，用狡狯伎俩，作游戏神通"，于李渔备书闲情而不及茶事，恰可证之。

　　<u>长篇累牍，足见宝爱；片言不及，亦是深嗜</u>。人情之不可测，文章之不可测，尽在此间。

黄山谷咏茶

黄庭坚《品令·茶词》向来被认为是其咏茶词作中最好的一首。宋人胡仔《苕溪渔隐丛话》即称："鲁直诸茶词，余谓《品令》一词最佳，能道人所不能言，尤在结尾三四句。"其词如下：

凤舞团团饼。恨分破、教孤令。金渠体净，只轮慢碾，玉尘光莹。汤响松风，早减了、二分酒病。　　味浓香永。醉乡路、成佳境。恰如灯下，故人万里，归来对影。口不能言，心下快活自省。

清代黄苏《蓼园词评》称这一首词："首阕'凤舞'至'玉尘'，言茶之形象也。'汤响'二句，言茶之功用也。二阕'味浓'三句，言茶之味也。'恰如'以下至末，言茶之性情也。凡着物题，止言其形象则满，止言其味则粗。必言其功用及性情，方有清新刻入处。苕溪称结末三四句，良是。以茶比故人，奇而确。细味过，大有清气往来。"其实关于篇末数语，亦有不同意见。清人贺裳就认为，词中"口不能言，心下快活"，正是山谷"时出俚语"处，是所谓"伧父之甚"。

由此，可知茶有高下，词有高下，见，亦有高下。山谷是首，确为咏茶词中佳篇，究其根本，恰在其写出了茶的神情气韵。上阕开篇，首陈宋人饮茶之俗。凤舞龙团，即龙团凤饼，在《大观茶论》中有"名冠天下"之称。金渠、双轮，是当日制茶之法——金渠即碾茶之槽，双轮即碾茶之轮。《大观茶论》记有："凡碾为制，槽欲深而峻，轮欲锐而薄。"玉尘云云，正是新碾而成的茶之状貌。白居易有句写此："酒嫩倾金液，茶新碾玉尘。""汤响"数语，所绘出的又是茶之一味，独绝的清气。茶汤之沸，如松上之风，茶之清远绝尘，自不待言。而在历来雅人韵士眼中，茶声从来便属至清之声——

松声、涧声、山禽声、夜虫声、鹤声、琴声、棋子落声，雨滴阶声，雪洒窗声，煎茶声，皆声之至清……

窗宜竹雨声，亭宜松风声，几宜洗砚声，榻宜翻书声，月宜琴声，雪宜茶声，春宜筝声，夜宜砧声。

东坡笔下，也有过类似的句子："蟹眼已过鱼眼生，飕飕欲作松风鸣。"

至于下阕"恰如灯下，故人万里，归来对影"，则是在一派往来的清气中，道出了茶所特有的那份温煦。清，可以令人减酒病，销尘心。而温煦，却是慰藉了所有尘世的孤清，也熨帖了因这孤清而起的色色凄惶。于是，寒夜把

盏,灯下饮茶,便有如知己故人在侧一般——穿越了横亘于现实中的阻隔暌违,有片刻的晤面对影。这样的快慰,确实是"口不能言,心下快活自省"。而此处笔墨,也并非什么俚俗言语,乃是化用了苏轼咏茶诗句——"胸中似记故人面,口不能言心自省"。其妙其韵其确切其爽利,无须多言,自可触及。

秦学士茶词（一）

素以才学见长的苏门文人，似乎总是与茶有着别样的亲厚。苏轼对茶的题咏，许多都堪属绝佳之作；黄庭坚咏茶之词，也向为人所称道。就连以"醉卧古藤下"著称的秦少游，集中也颇见咏茶之诗词。其《淮海居士长短句》中，就有两首《满庭芳》，都是咏茶之作。

第一首这样写道：

北苑研膏，方圭圆璧，万里名动京关。碎身粉骨，功合上凌烟。尊俎风流战胜，降春睡、开拓愁边。纤纤捧，香泉溅乳，金缕鹧鸪斑。　　相如方病酒，一觞一咏，宾有群贤。便扶起灯前，醉玉颓山。搜揽胸中万卷，还倾动、三峡词源。归来晚，文君未寝，相对小妆残。

所谓"北苑"，即今天的福建建瓯市东，是古产茶地，也是宋代的皇家茶园。所谓"研膏"，是茶的名称，《能改斋漫录》当中就记有："贞元中，常衮为建州刺史，始蒸焙而研之，谓之膏茶。"开篇词人即道明：所饮之茶，绝非凡品。方圭圆璧，指的是茶的形状。宋代的茶饼，多制成方形或圆形。这一点，倒是与今天云南的普洱茶暗合。而以研茶之粉身碎骨，想到入唐朝凌烟阁之功勋，多少有点牵强。不过后面三句倒是写得有些趣致。茶与酒之间，于此呈现出一副对敌的情状。用"战""降""开拓"这样的字词，则茶之大将军风范瞬时跃出字里行间。的确，茶不但能解酒，还能解人乏困，解人愁闷。

茶能消愁，人所共知。晋代刘琨

《与兄子群书》即写道:"吾患体中烦闷,恒仰真茶,汝可信致之。"唐人卢仝那首著名的《走笔谢孟谏议寄新茶》诗,也有:"一碗喉吻润,两碗破孤闷。……平生不平事,尽向毛孔散。"能够破孤闷,散尽平生不平,这就是茶"开拓愁边"之卓著功勋。

至于"纤纤捧"三句,写茶对于水的讲究之余,也写到茶的外观——金缕,描绘出包装之精贵华美;鹧鸪斑,则是咏茶习见之语,所咏是瀹茶之后所呈现的特殊色泽与形状,更以美人纤手捧茶一着,平添了许多的旖旎光色。或多或少,冲淡了之前的剑拔弩张,而带来一丝柔美恬淡。

当然,茶除了破愁解酒之外,尚有大功效——这正是少游此首《满庭芳》下阕所写内容,这或许也是苏门文人对茶如是宝爱的关键所在。依秦观所咏,茶之大功效就在于,可以"搜揽胸中万卷,还倾动,三峡词源"——是启文思,助文兴之谓也。对于卢仝来说,

"三碗搜枯肠,唯有文字五千卷";对于秦学士来说,却不但搜揽胸中万卷,还可倾动三峡词源,才气之横肆可知。而此处"三峡词源",见诸杜甫《醉歌行》——"词源倒流三峡水,笔阵独扫千人军"。所以,寻章摘句至肠枯词竭处,实不妨痛饮一瓯茶汤,以起胸中万卷,横扫纸上千军。

秦学士茶词（二）

《满庭芳》填词易俗，但秦观所作，却往往深秀。筵上之茶饮亦入尘情，观诸秦观《满庭芳·茶词》一词，虽然未出套路，却也尚不至俗态连连。其词曰：

雅燕飞觞，清谈挥麈，使君高会群贤。密云双凤，初破缕金团。窗外炉烟似动，开瓶试、一品香泉。轻淘起，香生玉尘，雪溅紫瓯圆。　　娇鬟，宜美盼，双擎翠袖，稳步红莲。坐中客翻愁，酒醒歌阑。点上纱笼画烛，花骢弄、月影当轩。频相顾，余欢未尽，欲去且留连。

密云是茶名，也称密云团、密云龙。《能改斋漫录》记有："丁晋公（谓）为转运使，始制为凤团，后又为龙团，岁贡不过四十饼。天圣中又为小团，其饼迥加于大团。熙宁末，神宗有旨下建州置密云龙，其饼又加于小团。"由此，可略知其来历。缕金团，即包装精美之茶饼，苏轼词中有云："看分月饼，黄金缕，密云龙。""玉尘"道出的是宋人饮茶的习俗——饮前必将茶叶碾碎，紫瓯言及的又是紫砂茶盂，可知宋人饮茶之时，已有对茶器的讲究。显然，秦观咏茶之词，其文学价值不过尔尔，不过对于我们了解宋人的饮茶习俗，却是甚有参考价值。

不妨说，秦观咏茶之词，新意与清味皆其短板。细按其两首《满庭芳》之作，字句意象，似乎都不出苏轼《西江月·茶词》、黄庭坚《品令·茶词》的规定路径——无非是在极写茶属名品，泉为佳泉，以及煎茶之汤色、品饮之茶盏，称得上在在怡人。细味起来，苏词当中写及茶的篇章，除却家喻户晓的

"且将新火试新茶,诗酒趁年华""酒困路长惟欲睡,日高人渴漫思茶"那几首外,个人以为写得最出色的还是这首《十拍子·暮秋》:

白酒新开九酝,黄花已过重阳。身外倘来都似梦,醉里无何即是乡。东坡日月长。　玉粉旋烹茶乳,金薤新捣橙香。强染霜髭扶翠袖,莫道狂夫不解狂。狂夫老更狂。

一旦将个体的襟抱情怀写入,词人笔下之茶,也就不复寻常饮品的徒然堆叠与咏叹,而是显得气韵分明,清致俨然。那份旷然天真的风神,的是令人油然而生钦羡之心。

实际上,对于岁月晨昏而言,茶与其说是一种点缀,倒不如说是一种陪伴。而且,是最具知己况味的那类陪伴。书窗寂寥,一盏清茶,无论从容饮下还是付诸吟咏,那样一种泠泠然的暖意与快慰,确乎是难于向众人道的。唯有知己,方能会得。正可谓是:"此乐无声无味,最难名。"

龚定庵与茶

"欲为平易近人诗,下笔清深不自持",龚自珍这两句诗,将其自身诗歌特有的神情道得分明。的确,诗人胸中所有的意绪,有着常人难于想见的翻涌叠卷、郁勃不平,唯有出之以清峭幽深的笔墨色调,方才能够与之匹配。这是不得不然,也是自然而然。所以,出现在龚自珍笔下的茶,似乎也就有了不同寻常的清峭与幽深。

像是这首《有所思》,诗中所及那一缕茶香,即有着令人惊异的清癯面容:

妙心苦难住，住即与之期。
文字都无著，长空有所思。
茶香砭骨后，花影上身时。
终古天西月，亭亭怅望谁？

茶香见诸诗词，不是淡淡，就是缕缕，总是一种若有若无的萦绕。可到了龚定庵笔下，却成了能够砭骨之物。读至此处，能不置卷而思之再四！茶香至为砭骨，则饮茶之时长可知，思绪之漫溢横亘可知。而且，能教茶香渗入骨骼，其人怀抱之幽阒亦可知矣。又沉郁又瑰丽，这样的茶香，也唯有定庵，方可味出。

《己亥杂诗》中，也有一首及茶，读之，同样令人辗转：

二六

逝矣斑骓罥落花，前村茅店即吾家。
小桥报有人痴立，泪泼春帘一饼茶。

这一首诗，写的是茶，喟叹的是友情。这是发生在暮春时节的一场离别。

诗人写道:"出都日,距国门已七里,吴虹生同年立桥上候予过,设茶,洒泪而别。"二人之间的友情如何深笃,龚定庵并没有多费言词,但由一"痴立",由"泪泼春帘一饼茶",便足以令之在岁月的烟尘中鲜活、摇荡。"泪泼春帘一饼茶",着一"泼"字,写出了别情的奔涌难抑;着一春帘,又写出了这份友情的明媚光色;再用一饼茶,添设的,就是一味澹荡、一味清深。

龚定庵还有一首《过扬州》,写茶的笔墨也是令人称奇不已:

春灯如雪浸兰舟,不载江南半点愁。
谁信寻春此狂客,一茶一偈过扬州。

"一茶一偈过扬州",这样的风神,还真是佻达潇洒之至,叫人百般俯仰。相伴无他,唯得茶与偈,襟色之上,清气淋漓,诗意也横溢。这样的句子,既有小杜的俊朗清逸,也自有龚定庵不可复制的剑气箫心。

茶之令人醉心,往往就在饮啜之

间——可以阅尽山川风色，味出岁月烟霞，也可以照见，这世间的种种情味，以及，那襟抱中的万千款曲。灯下，窗前，山间，竹侧，哪怕是黄尘动地而来的拥挤市廛，茶的品相，从来是系诸人之品相。"相思相访溪凹与谷中，采茶采药三三两两逢，高谈俊辩皆沉雄"，寻常之事，也只有到了不寻常人的笔下胸中，方可点染出一色清深夐绝，独立于物表，超拔于尘俗——"仰视一白云卷空"，自有龚定庵和他笔下的茶。

小修与茶

袁小修的文字,从来都有一股清泠泠的气韵,就好像泉水在山石间激湍,像是砚边墨色映照出的那轮冷溶溶的月,更是"短蓬摇梦过江城"的襟袖之间,那份呼之欲出的澹荡与孤清。不过,这清泠泠的韵致并不意味着对于人间世界的彻底远离,相反,它始终闪现着生活的烟火与鲜活,始终,都有叫人备感亲切的日常面容。试看袁小修笔下的那抹茶色,就一样也有着清冽而活泼的神情。

《珂雪斋集》卷一,有一首《九日》,就写到了茶:

经年梦不到繁华，自拂窗尘自煮茶。
病入九秋惟有骨，人来三径总无花。
霜林逐雨鳞鳞堕，晓雁随风故故斜。
昼掩柴关啼络纬，阿谁送酒到陶家。

　　生涯不论是否缤纷炫目，就算始终清苦相傍，疾病相缠，访客罕至，三径无花，也不应该就此改变内心的沉静与自如。现下很多人感悟人生，怎么也离不开外在之所有，总以为人生惟有保障方能享受当下，似乎惟有繁华满目，才能得片刻之沉醉；而所谓诗意，也总是栖居在远方——目下但得苟且与琐屑，惟有逃离，方可拥有别样的人生。持这样观念的人，大抵是从不读也读不懂小修文字的——"自拂窗尘自煮茶"，此般诗句所逸出的自如自适，有几人识得其间好处，又有几人能够如此倚窗自饮，拂落一地尘埃、一地繁华。

　　于袁小修的色色经历中，最叫人无限俯仰的，大概还是要数他的买舟生涯。如此潇洒，如此放达，又如此天真。集中有诗若干，都让我们看到了袁小修放舟江湖，行迹当中，也不无茶的陪伴。比如这首《咏怀》：

陇山有佳木，采之以为船。
隆隆若浮屋，轩窗开两偏。
粉壁团扇洁，绣柱水龙蟠。
中设棐木几，书史列其间。
茶铛与酒臼，一一皆精妍。
歌童四五人，鼓吹一部全。
囊中何所有，丝串十万钱。
已饶清美酒，更办四时鲜。
携我同心友，发自沙市边。
遇山蹑芳屐，逢花开绮筵。
广陵玩琼花，中泠吸清泉。
洞庭七十二，处处尽追攀。
兴尽方移去，否则复留连。
无日不欢宴，如此卒余年。

晚明人对于山水的痴迷，已到了叫人叹为观止的地步。而在这叹为观止的队伍当中，尤以中郎、小修为最著。可以说，中郎颇得山水之趣，小修则是性命于山水。看似及时行乐的畅快笔触，不知隐含了多少生活的苦辛与不易，却依旧能够忘怀所有，沉醉其间，实在令人叹服。既有茶具随行，茶事自然是不曾断绝的。素履所及，处处有茶——"笠盖覆青瓮，提来三两升。好茶烹一盏，供养看经僧""携有虎丘茶，并饶惠泉水。闻香不见色，齿牙风诩诩"。

出尘，远离的是尘心尘俗，并不等于非得从现实中逃逸开去；能够在生活的琐屑中捡拾美好，能够沉醉于那些旁人无动于衷的寻常点滴，此等文字所拥有的诗性，又如何会在岁月的流转中衰减褪色。小修好的是酒，可读他的文字，我们却时时易生对茶的宁静与恬然。"一杯了一卷，展玩到宵分"，杯中之物，此处自然是酒，可是又何妨是茶——人生之流行坎止，的确是无处不可寄一梦的——寄诸酒，寄诸茶，寄诸书，都是一寄，都是一梦，也都是一境，都有一遇。

"没有茶气"与"茶气太过"

茶，说白了，就是这大千世界的微物一桩。很多人于此上故弄玄虚，也有很多人很是不以为然——如此寻常一味饮品，哪有那么些文化系诸其上，那么多意绪寄蕴其间。

雨天，喝着茶翻读冈仓天心的《茶书》，其间的一些字句，即如这漫天的丝丝缕缕，令尘一洗，令眼一青。对于嗜茶之人，读此也许能够达成某种"懂得"的深化；而对于与茶隔膜之辈，这又或许能够成为某种开启的门径。

而且，这本书虽是很薄的一册，但读下来还是能够感受到作者的野心，那种试图去解读浅浅一盏里何以容下狂波巨澜的野心。比如，谈及茶叶的高下好坏时，《茶书》即称：

茶分好坏，如同画有高下。优者寡，劣者众。茶是一门艺术，非大师不能掇取其高贵品质。制茶无定法，恰似难以靠某种特定的步骤，培养下一个提香或者雪村。<u>每种茶叶的制备方法，都自有其个性。它是泉水与火候的微妙契合，是有待唤醒的古老记忆，是用其独有的方法讲述着遥远的故事。</u>真正的美，必定永恒地存在于自我之中。而我们又要承受多少损失，才能使人类社会不再重蹈覆辙，认识到这一艺术和生命简单而基本的法则。明朝诗人李日华，曾悲叹世间有三大憾事：好弟子为庸师教坏，好山水为俗子妆点坏，好茶为凡手焙坏。

由茶之制备，谈到人类社会，这就是一盏之中涌起的巨澜狂波，也是著者在下笔一刻泛起的凿凿野心。看似夸张,其实并不然。对于善茶者而言,<u>每次把盏,的确不啻于一场倾谈——与自然山川,与古今人物,与内心万象;的确有古老的记忆被唤起,也有新的感觉等待记忆。</u>

而论到喝茶一事的时代流派,《茶书》又有:

> 和艺术一样,茶也有自己的时代和流派,大致分煮茶、抹茶和泡茶三个阶段。现在流行的,属于最后一种方式。不同的饮茶方式,象征着不同的时代精神。生命即表现。不经意的行为,总是能流露出人们最隐秘的思想。……我们总在微小处表现自己,也许是因为没有伟大可以隐藏。……用于煎煮的茶饼,用于搅拌的茶末,用于沏泡的散茶,分别牵扯着唐、宋、明三个朝代的情感悸动。

总在微小处表现自己,除了没有伟大可以隐藏之外,也许更是因为生活本来就是由无数微小建构而成的。当我们把目光投向微小,或者才能消解许多看似庞大的空洞与虚无。

冈仓天心还说：

>那些对于跌宕人生不能有丝毫觉察的人，我们习惯将其形容为"没有茶气"；而那些无视世间疾苦，情绪泛滥、放浪形骸的审美家，我们又会指责他们"茶气太过"。

此语甚妙。"没有茶气"的人生，往往意味着鄙陋与苍白——一切，毫无印痕地存在并逝去着；"茶气太过"的，又似乎是浮于半空之中的人生，缺了那点烟火气息的牵缠。因此，看起来理想的行走方式，似乎就是在"没有"与"太过"之间求得一个平衡。不过就个人看来，也大可不必如此中庸——与其"没有茶气"，倒不如"茶气太过"。因为"没有"，指向的只有乏善可陈。而"茶气太过"，至少，仍可于漂浮无着中享受无边的自在，也可在寻常微物间，领受美的浩荡与"泛滥"。

饮非其人茶有语，闭门独啜心有愧

翻读苏轼的尺牍，最突出的感觉之一，就是茶之一事，无所不在。或谢友朋馈茶，或反过来以茶寄赠，或邀友人枉顾啜茶，感觉东坡的日常，就系在一个"茶"字之上。字里行间，皆是一笔嗜茶幽情。

那么多谢茶的文字出现在尺牍当中，除了东坡嗜茶之外，友朋之间的相知亦可见，而宋代茗茶俨然厕身礼品之列，同样也是不遑多辨的事实。这些谢茶的文字，写得真切之至，毫无作态。读来，似与东坡对坐把盏，谈笑风生。

像是写给范子功的六封书信，第四

封就作：

辱教，承晚来起居佳胜，团茶及匣子香药夹等已领，珍感！珍感！栗子之求，不太廉乎？便不得更送一个饦离耶？呵呵。

两个"珍感"的叠用，那份喜不自胜的神情已是跃然纸上。团茶，是宋茶的主要形制，有所谓龙团凤团。根据《石林燕语》的记载，大龙凤团茶每斤八饼，小龙团每斤十饼，小龙团中最精密的叫作密云龙，每斤二十饼，为当世所贵。按照欧阳修的说法，这是庆历中蔡襄担任福建路转运使之后始造的茶，"其价直金二两。然金可有而茶不可得"，其贵重程度可见一斑。

苏轼对于茶的这份珍视，的确毫不掩饰都写入了书信当中。那份率真，令人动容。比如《与钱穆父二十八首》当中就有：

三

　　……惠茶既丰且精，除寄与子由外，不敢妄以饮客，如来教也。然细思之，子由既作台官，亦不合与吃。薛能所谓"赖有诗情"尔。呵呵……

二十八

　　……惠茶，已戒儿曹别藏之矣，非良辰佳客，不轻啜也……

　　东坡果然无愧茶之知己！对于别人赠与的好茶，何其珍而重之！不但要"别藏"，戒妄饮，而且要择客择时，若非佳客，若非良辰，不轻啜也。甚至就连此前寄给他弟弟子由的那份，也"深自懊悔"了一番，认为"不合与吃"。原因，就在"子由既作台官"。坡老的幽默，于此跃出，令人不禁莞尔。薛能云云，指的是唐代诗人薛能所写《谢刘相寄天柱茶》一诗，其诗曰：

两串春团敌夜光，名题天柱印维扬。
偷嫌曼倩桃无味，捣觉嫦娥药不香。
惜恐被分缘利市，尽应难觅为供堂。
粗官寄与真抛却，赖有诗情合得尝。

"子由既作台官"，那不就是"粗官寄与真抛却"？不过还好对方是子由，所以凭借诗情，也还勉强具有尝它一尝的资格。不得其人，容易辜负；"赖有诗情"，方足匹配。谑闹之间，爱茶之心焕然。

而把这份笃爱写得最简扼又最可爱的一封尺牍，还是要数《与赵梦得一首》。信上称：

旧藏龙焙，请来共尝。盖饮非其人茶有语，闭门独啜心有愧。

好个"饮非其人茶有语,闭门独啜心有愧"!之所以要强调"佳客",就是因为面对如此佳茗,独啜难免心生愧意。意欲与人分享,却又担心"饮非其人"——辜负了好茶,就如同唐突了佳人。那时节,茶又定会不甘怨怼,满腔郁结。这样的心事,说出来只得一个"痴"字。而以此心对茶,焉有不懂不识之理。茶得东坡,饮得其人。

茗

饮之时

茗饮之时

晚明人大概觉得自己最懂生活，所以老在不厌其烦地树立范式，书写教义，唯恐天下人不谙其中真谛，错失其中真趣。于茗饮一事，亦是如此。虽然饮茶之事，兴于唐而盛于宋，但在晚明人看来，唐人熟碾细罗，宋人龙团金饼，二者都不过在精巧技艺上下功夫，反而遗落了茶的真性——"斗巧炫华，穷其制而求耀于世，茶性之真，不无为之穿凿矣"。晚明人深信，唯有到了明代，茶转以炒制为工，方才接近简易之美，不失茶之真赏，能得"味之隽永"。

论茶的文字,晚明人写了不少,体制大多为当日盛极一时的小品文。这些论茶小品中,尤以许然明《茶疏》、黄龙溪《茶说》两种,深得茗柯至理。此二种论茶,笔触所及,茶事殆尽——不但产地制法、择水贮水、火候烹点、器具茶所、茶客童子俱有写到,就连茗饮之时,也有论及。

《茶疏》有所谓"饮时",其文字如下:

  心手闲适 披咏疲倦
  意绪棼乱 听歌闻曲
  歌罢曲终 杜门避事
  鼓琴看画 夜深共语
  明窗净几 洞房阿阁
  宾主款狎 佳客小姬
  访友初归 风日晴和
  轻阴微雨 小桥画舫
  茂林修竹 课花责鸟
  荷亭避暑 小院焚香
  酒阑人散 儿辈斋馆
  清幽寺观 名泉怪石

这是晚明小品文中的一种特殊样式——意象杂纂式。这一类小品，罗列一堆字词，看似不成文，却能够传递出一种情致，闪现着性灵的光色。这篇也不例外。虽言饮时，却不拘于时，显露出通达豁落的襟怀，于世俗中指出一径闲雅意态。所谓饮时，可以闲可以倦，可以清可以尘，可以隐可以众，可以喜可以忧。似乎人生百态，都可系之于茗饮一事。而茶与人生之间的这份缠绕，则在清赏之余，又增设了裹挟着人间烟火气的暖煦。

《茶说》则有"九之饮"，其文曰：

饮不以时为废兴，亦不以候为可否，无往而不得其应。若明窗净几，花喷柳舒，饮于春也。凉亭水阁，松风萝月，饮于夏也。金风玉露，蕉畔桐阴，饮于秋也。暖阁红垆，梅开雪积，饮于冬也。僧房道院，饮何清也。山林泉石，饮何幽也。焚香鼓琴，饮何雅也。试水斗茗，饮何雄也。梦回卷把，饮何美也。

依此，果然无时不是茗饮之时。不过不同的季候，茶之饮法似也应略有相异。窃以为，春饮宜缓，以和迟迟之节；夏饮宜快，以纾暑热之闷；秋饮宜品，以味西陆之幽；冬饮宜独，以衬梅雪之性。知茗事者，以为然乎？

端午谈茶

端午这个日子，有着一清到骨的品相。从与之相关的人物，到街巷深处缭绕不绝的那缕粽叶的香、艾蒿的香，"清"之一字，与端午这个名称可谓贯穿始终。虽然，我们熟知的端午饮品非雄黄酒莫属，但这样的气韵，却分明与茶，最是相宜。

端午饮茶，最宜雨窗。芒种已过，时至仲夏，端午节这天，很多地方都是一世界的燠热，一世界的雨。这一天，赛龙舟成为习俗。人们习惯了在叫嚣呐喊、汗雨纷扬中把燠热与烦懑斥散。广东人更把端午时节的雨叫作"龙船水"。迎着龙船水,看龙舟赛事,人群总是衡一味的热闹。在热闹之外,就着雨窗,把一盏茶,所领受到的,就是喧极的静。那兜头浇下的雨,充满了荡涤的力量,不知能洗却胸间心上,多少的烦嚣郁结。

端午饮茶,宜酽不宜淡。因为端午节的"清",从来与淡无关,反而有着逼人的棱角与锋芒。这样的季候,正适合一盏酽酽的苦茶。苦茶所包蕴的,就是清的锋棱。人生实难。苦茶一盏,不但最能照映出人生的难,而且还能味出那一份卓然不群的珍贵难得。这个节日里,总有着许多腾踊的情绪,也只有一盏浓酽的茶,方能抚慰与平息。

端午饮茶,宜把《离骚》。《世说新语》中,王孝伯谈起做名士的心得,曾说道"常得无事,痛饮酒,熟读《离骚》,便可称名士"。实际上,畅饮清茶数盏,与《离骚》相对,情感上也许不免少了些痛彻淋漓,但就怀抱而论,却分明多了一色宽徐与豁达,同样堪当名士。元好问有一首《醉后走笔》，开篇就将茶与《离骚》并举："建茶三碗冰雪香，《离骚》《九歌》日月光。"该诗题为"醉后走笔"，开篇却首之以茶，真是耐人寻味。以"冰雪香"相况，建溪一带茶之清冽可知；而与《离骚》《九歌》相对，则茶对于情肠与愁怀，显然也具有熨帖与疗救的功效。

这首《醉后走笔》，还有后续笔墨如下：

短灯檠子移近床，秋风吹帘月转廊。
一歌再歌魂魄动，入眼渺渺横沅湘。
湘妃渐远望不及，金支翠蕤澹飞飏。
渔父话独醒，孺子歌沧浪。
山鬼独一脚，拊掌笑我旁。
湘累归来吊故国，遗台老树山苍苍。
掩书一太息，夜如何其夜未央。

端午节，以此诗伴茶而饮，心绪间，自是贮满复绝与清远。也许，这才是这个日子最为相宜的情绪。"爱茶爱书死不彻"，能解者，方有此言。

入夜茶白

明末清初自称"茶淫桔虐"的张岱写过很多与茶相关的诗文。其中,有一首以《素瓷传静夜》为题的五古令人印象深刻:

闭门坐高秋,疏桐见缺月。
闲心怜净几,灯光澹如雪。
樵青善煮茗,声不到器钵。
茶白如山泉,色与瓯无别。
诸子寂无言,味香无可说。

有些事情,的确就是如此,总是和一定的时、地相关联;一旦离开,那些情味风致也就不复存在,或者程度大减了。像是茶，白昼所饮，无论环境如何幽阒，无论是秋天的清晓还是春日的黄昏，似乎都很难生发出"茶白"这样一种体验。然而，来至各色的夜里，有月有疏桐当然最是相宜，即便被闹热与人群环绕侵袭，"茶白"一种，却也很容易就成了人们心上共同悬着的一笔诗意。

入夜茶白，就直观而言，这是与月光相映照的必然结果。而且不拘是什么样的月。可以是一痕纤瘦的光，从窗棂斜斜透进来；也可以是肆意酣畅的倾泻泼洒，一地皎洁的亮；还可以是藤架间、石桌上、砚畔枕边，幽期密约一般的相逢。这个时候，连素瓷其实都显得多余。只要在有月亮的夜晚喝茶，喝下的早已不限于茶——沏他一壶，饮他一盏，都是澄澈入喉，皓旰满心，诗肠滉瀁。

张岱的另一首诗《雨洗中秋月倍明》，最末四句，便写出了将月色共茶汤一并饮下的蕴藉——"呼童煮禊泉，洗盏瀹兰雪。气味适相投，月与茶同歇"。其中，"气味适相投"一句最韵，它所意在刻画的，正是茶与月之间的那份天然契合——一样的洁清孤高，一样的出尘远世；所以就连色泽，也是如出一辙的透亮莹澈。

当然，茶入夜而白，亦是缘了夜的静。清静，大抵可谓是夜最具代表性的属色，一如声响堪为白昼的标签。甚至，就算人群与嚣扰偶现，也无法在夜的静谧上留下太多的印迹。所以，就算离了月光，哪怕唯有一檠孤灯，也可以澹荡如雪；于此灯下把盏，啜饮云腴，自然便是茶白夜清，味他不尽。

入夜茶白，道出的还有一份恬淡闲适的心境。大多数人，白昼里相对的总是扰攘纷繁，到得夜晚，才可能与自己有片刻相亲。如若真能享受与自己相对的这一份充盈与安宁，将俗尘、俗情拂拭殆尽，一任怀抱空寂澄明——有足够的闲，也有足够的适意，再于此刻瀹茗，所饮下的，就是一盏云深，一盏月明，一盏山涧幽泉般澹荡空灵的皎然一白。

饮他一盏秋光

中秋一过,季候与岁月都有了"晏"的感觉。然而就饮茶一项来说,秋这一季,却完全称得上正当之时。

在秋天,阳光已经不再强烈炙热,这个时候,最适合午后把盏。饮下的茶及辰光,既有着春天初夏一般明澈的色泽,却又多了一味说不出的煦暖与温柔。所以,秋天之茶,再没有比红茶更为相契的品类了。无论是色泽的明亮柔和,还是口感的醇厚丰富,以及香气的那份深幽绵长,红茶身上,似乎从来就印刻着隶属于秋天的铭牌。

秋天的一盏红茶,往往也映着中天

的一泓月色，同时汇聚着寂静夜里，楼宇四围此起彼伏，蟋蟀的吟唱。此时灯下，沏上一壶，世界刹那间宁静下来。书页里的世界，却刹那间顿见鲜活。那些已然遥远的情致，无论是纱窗纸帐，还是瓦缶瓷瓯，或者，是深深庭院里头，静静开着的一树桂花，它们仿佛忽然具有了鲜明的轮廓，默默地，同时也竞相地，漂浮于茶。于是，总会在品饮的某个瞬间，惦记起一些与古旧相关的往事前尘，包括，在刚刚过去的上个盛夏，曾经驻足的那一望荷塘。

秋天的茶，总是贮满了大大小小的思念和过往。于是乎，这样的一盏，最适合在雨天浮现——擎于手中，倚在窗前，任那一窗无休止的淅淅沥沥，将所有的倾诉、所有的感伤，都滴答在梧桐叶上。一时间，窗，好似长出了藤蔓，长出了雕花的格子。秋风、秋雨，不期然就汇入了此刻的茶。满城淋漓的风声雨色，是此刻满心满眼的潇潇不绝，也是满盏满口的瑟瑟与朗朗。

此时的天气，虽还没有冷到彻骨，不过也确乎有些清寒了。这个时候，一盏泛着霞色的茶汤，就是任何人都可以想往、能够抵达的天堂——不管是迎着远山的淡淡一抹，还是对着身前桌上数不尽的书册文章。人生的一段际遇，有时候，真还抵不过秋日里的一盏醇茶。它焕映着世间的种种光色，也隔绝了，许多无法直视的伧俗景象。所以，与其在尘埃中起行坐卧，倒不如，相忘于这半盏烟霞。

当然，秋日里饮茶，以诗相佐最佳。

倘若，读诗时恰好逢到了白乐天集中的这一首，茶的神色，便更显鲜妍明亮：

　　山泉煎茶有怀
　　坐酌泠泠水，看煎瑟瑟尘。
　　无由持一碗，寄与爱茶人。

水，是泠泠的，尘，居然都是瑟瑟的，这样的句子，很难想象会写在秋天以外的季节。因为只有在秋天，静谧才会呈现得如此自然，不落痕迹。也只有在秋天，喝茶这件事才变得不需要任何理由与借口——随时把盏，都有秋光潋滟，相思摇落。

不妨说，春日捧杯，所在意的每每与茶气相关；秋日命盏，却令人得以饮下风色，斟酌生涯。

秋灯茶语

秋日谈茶,似乎总是和醇厚相关,和风色相关,和浓洽深长相关。的确,对着一窗黄叶,无论阴晴,无论晨夕,擎他一碗,掇饮之间,既可以是萧瑟萦怀,也可以满目明亮。相形之下,春天饮茶,总在强调那份"得时",多了些计较与追逐,却少了些从容与娴雅;夏天之饮,茶的功能与效果往往被置于首位——纾烦解愲、消暑醒神,如此饮来,爽利与快意自在题中,可也差了些蕴藉与隽永。直至秋间,茶之饮啜,才更多地系于况味韵致,俯仰在处境之更迭,映照着岁月的迁延。是以谈茶于秋,也就最易味出那份超逸和幽深。

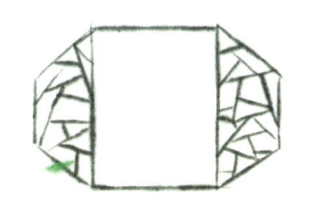

清人蒋坦《秋灯琐忆》一种，除了那几句"是谁多事种芭蕉""是君心绪太无聊"的著名戏谑外，笔下亦颇及秋日茶事。而今读来，虽已隔着岁月的滚滚烟尘，却依然教人辗转再四，心驰神往。

有的饮事，发生在霜天之月下水上。其实都不必看具体文字，单是凭空想象，已觉清意漫溢，殆非人间。

开户见月，霜天悄然，因忆去年今夕，与秋芙探梅巢居阁下，斜月暖空，远水渺弥，上下千里，一碧无际，相与登补梅亭，瀹茗夜谈，意兴弥逸。

而在这样的境况下瀹茗夜谈,想要不逸,恐怕都难。

有的笔墨,记录的又是一个风雨凋萧的秋夜,本来万种凄清,却因为有了茶的存在,读来分外真切温暖。

夜来闻风雨声,枕簟渐有凉意。秋芙方卸晚妆,余坐案傍,制《百花图记》未半,闻黄叶数声,吹堕窗下。秋芙顾镜吟曰:"昨日胜今日,今年老去年。"余怃然云:"生年不满百,安能为他人拭涕!"辄为掷笔。夜深,秋芙思饮,瓦吊温瞰,已无余火,欲呼小鬟,皆蒙头户间,为趾离召去久矣。余分案上灯置茶灶间,温莲子汤一瓯饮之。

有的斟饮,则是系诸花下秋深,虽只有简淡数语,然而字里行间,已是诗情沛然。

虎跑泉上有木樨数株,偃伏石上,花时黄雪满阶,如游天香国中,足怡鼻观。余负花癖,与秋芙常煮茗其下。

如此饮茶，只能叫人赞叹：果然"洵非世间烟火人也"。

众所周知，蒋坦《秋灯琐忆》一书，所记录的都是夫妇之间那些细碎的日常与过往。作者笔尖满蘸深情，却能出之以清越，是其最难得所在，是以能够触处动人。而茶之一项，从李清照、赵明诚夫妇赌书、泼茶开始，但凡与夫妻相系，写入文字，所指向与添注的，就不单单只是寻常恩爱，反而多了一份知己之情。<u>所以，秋灯琐忆，忆处及茶，笔落情随，除却那些醇厚与风雅，在在都是知重与懂得。</u>其珍贵，自然超出市廛。

雪窗宜茶

不经意间，就已是冬日的光景了。除却岁末的少许怅然，冬日，以其别有的清与寒，与茶亦可谓趣味相投，甚是相宜。冬日的茶，最适合趁雪而烹，就窗而饮，以梅花相佐，邀松月为伴。如此饮来，清者更清，泠泠然之余，也有了声响、滋味与光色，其韵致更觉深长。

对于此等趁雪烹茶的意趣，元代的一众曲家可谓深谙于心，是以所制散曲，咏及冬日，便有茶事。像是白朴，其【双调·得胜乐】《冬》便有如下的内容：

冬

密布云，初交腊。偏宜去扫雪烹茶。羊羔酒添价，胆瓶内温水浸梅花。

"偏宜"二字用得真是好，将冬日雪天与茶的那份相契，可谓和盘托出。李罗御史在其套曲当中也曾径直言明："春风桃李，夏月桑麻。秋天禾黍，冬月梅茶。"茶，俨然已成冬天这季候的典型代表。

写过"枯藤老树昏鸦"，有着"曲状元"之称的马致远，散曲中亦时见雪与茶的配搭。其【双调·拨不断】就有：

笑陶家，雪烹茶。就鹅毛瑞雪初成腊。见蝶翅寒梅正有花。怕羊羔美酝新添价，拖得人冷斋里闲话。

显然在某种程度上，雪天与茶的并见，已成元人散曲之常情。冬日凄寒，人所共憾。有这一盏茶厕身其间，就为冬日增设了一分难得的情味，既清且暖，甚至，还有些酣畅淋漓的快意。

周德清【中吕·红绣鞋】《赏雪偶成》一曲，就充分展现了这样一份快意：

共妾围炉说话，呼童扫雪烹茶。休说羊羔味偏佳。凋情须酒兴，压逆索茶芽。酒和茶都俊煞。

在元以前的诗词诸作中，写及冬日雪窗与茶之相宜的不是没有，不过笔触大多止于雅致。像元人这类，不但写出雅致，还闪现出快意光泽的处理，就是叫人眼前一亮的别样风神。这也正是曲所独有的急切透辟方能成就的风神。着实俊煞。

而在元人王仲元以《咏雪》为题的一支套曲中，茶又在尾声段落得以登场亮相：

唤家童且把毡帘下，教侍妾高烧绛蜡。读书舍烹茶的淡薄多，销金帐里传杯的快活煞。

此处，"读书舍"与"销金帐"对举，读书舍烹茶出之以淡薄，销金帐传杯成之以快活。然而，这淡薄却丝毫不输快活，字里行间，有着分明的自恃与傲然。雪窗宜茶，此处之窗，也是书窗最属相宜。喝他一盏，读他一卷，那份清朗与快意，大抵也只有茶书兼好之辈方能会得。董遇谓读书当以"三余"——"冬者岁之余，夜者日之余，阴雨者时之余也"，时值冬日，何不且去读书，且去烹茶。

除夕茶俗

春节将至,年味渐浓。不过回首望望,会发现旧时的许多年俗都已离我们远去了。而在这遥远得无从触及的色色年景中,竟赫然可见茶的身影。今天过年,筵席上少不了的是佳肴美酒,聚会中忙不迭的是发抢红包,入夜后总有烟花绚烂、爆竹喧阗。就今时今日来看,过年时节,除非是解腻解酒,着实很难想象会有那么一盏清茶的立身之地。可是旧时的除夕,却偏偏随处可见茶的参与。

从旧有"小年""小除夕(江、震风俗,杨秉桂有诗及)"之称的"念四夜"开始,就已见佳茗一盏厕身其间。吴曼云《江乡节物词》小序记有:"杭俗,廿四夜祀灶,以糖分染五色,皆用素品。"有诗咏称:

春饧著色烂如霞,清供还斟玉乳茶。
不用黄羊重媚灶,知君一楪已胶牙。

现在人们送灶,仍惯以各色的"饧"实现令灶神胶牙的目的,然而,清供以茶的传统却是难得一见了。

旧日除夕,尚有"封井"之俗。在这"封井"的具体仪式中,就离不开茶。并不需要追溯得太远,《清嘉录》便记有:

封井

置井泉童子马于竹筛内,祀以糕、果、茶、酒,庋井栏上掩之,谓之"封井"。至新正三日或五日,焚送神马。初汲水时,指蘸拭目,令目不昏。

现而今,井早已退出日常生活的历

史舞台，更何况封井之俗！不过，<u>汲水拭目，令目不昏的仪式与祝祷，还真是美好清嘉，叫人心中分外向往。</u>

而在旧时除夕年俗中，茶的地位最为举足轻重的，还要数"祭床神"一事。同样是在《清嘉录》中，提到"祭床神"时就称：

荐茶、酒、糕、果于寝室以祀床神，云祈终岁安寝。俗呼床神为床公、床婆。

至于为何茶酒并举，其后有解释：

盖今俗，犹以酒祀床母，而以茶祀床公，谓母嗜酒，公癖茶，谓之"男茶女酒"。

这一习俗，大概为江南所特有。《钱塘县志》载有："除夕，用茶、酒、果饼祭床神，以祈安寝。"厉鹗还写有两首《沁园春》词，也和这祀床神之俗相关。词前小序云：

乙巳除夕，偶读杨南峰循吉诗云："买饧迎灶帝，酌水祀床公。"吴盖同杭俗也。予老懒无事，所须者饱食安眠而已，因赋《沁园春》二阕以当乐神之词。

其中，第二阕即乐床神之词：

安稳闲房，仗尔平生，寝兴载司。记窗横窥月，情柔似水；屏遮听雨，鬓改成丝。金尽低颜，玉存暖老，渐近横陈嚼蜡时。吾衰矣，但摸棱不管，跌坐偏宜。　　一杯酹尔休辞。想此夕、殷勤也合知。笑放怀物外，年年梦蝶；求官何处，日日揩龟。早起虽慵，春来更健，睡法希夷好护持。宁须羡，设沉香八尺，花下频移。

好个"一杯酹尔休辞"，其实年俗的意义，大抵就是在千篇一律、面无表情的日常琐屑之中，保有一份深厚蕴藉，漾出情味万端。

虽然是世易时移，习俗之不复也属固然，可是，倘能于必然的遗忘与远离中有所瞻眺，有所捡拾，有些心境，也许就能避免空荡无依，有些声响，也就有了窅远的回应。所谓根性，所谓传统，正在其中。除夕将至，何妨持他一盏清茶，洗目涤肠，遥酢神祇。

趁春光便，换盏春茶

立春一过，季候骤新。这春天的茶事，自然也该焕映出与众不同的气象。"尝茶春味渴"，唐人的诗句早已告诉我们：踯躅于春，辗转于茶，由此而邂逅的，自是不一般的履迹与烟霞。

枕一衾寒，不妨纾寒以茶。春光初坼，寒意总还有些分明的棱角。倘能于料峭春寒中持茶一盏，便不知能销抵多少冷寂的辰光，又能凝伫几分诗兴，慰藉几许情肠——

多忧每恐风摇竹，易感还愁雨滞花。
亦幸山房炉火在，春寒独自煮春茶。

对一橡雨，向来宜茶。而春天的雨，是贵如油，也是小清新。趁雨，是采茶的好时节，也是饮茶的吉日良辰。春茶和春雨的配搭，最是浑然天成，妙不可挡，明朗而宛转，恬静而郁勃：

野翁犹自爱贫家，一笑柴门起暮鸦。
柏叶细倾元日榼，松萝频泼小春茶。
沉沉带雨檐花落，淅淅无风径竹斜。
破榻尚堪留十日，墙头浊酒未须赊。

沐一山风，更觉思茶。除了令人沉醉而外，春风，往往有着荡涤廓清的迅疾刚猛，穿林打叶的爽利潇洒。这样的风色，进入盏中，自可细味人生浮沉，襟抱浅深——

清风落醉巾，幽鸟惊梦熟。
南窗可容膝，方寸自虚廓。
日出松露香，山光浮雾绿。
挂颊知不佳，爽气已可掬。
人生亦何为，忽忽流景速。
逝将抱琴去，褾被更就宿。
愿分石鼎茶，春风煮崖瀑。

落一地花,把盏衔茶。此时的心绪,怅然固属难免——

茶瓯饮罢睡初醒,隔屋闻吹紫玉笙。
燕子不来莺又去,满庭红雨落无声。

可有的篇章,却也依旧能够流泻出令人神驰的恬淡闲雅。就像张可久这首【折桂令】中所写,有客分茶,又何伤落尽梨花——

掩柴门啸傲烟霞。隐隐林峦,小小仙家。楼外白云,窗前翠竹,井底朱砂。五亩宅无人种瓜。一村庵有客分茶。春色无多,开到蔷薇,落尽梨花。

也似这首成廷珪的诗:

三月西城风日好,短筇随意踏晴沙。
王孙不识蘼芜草,童子来寻枸杞芽。
白发有人中卯酒,清泉无火煮春茶。
山扉寂寂僧归晚,落尽辛夷一树花。

一树花落,山扉僧晚,清泉春茶,如此静谧美好的春日黄昏,千百载下,也叫人心生向往。

当然，春天茶事中最为动人的一笔，还要数春水春茶的那份相得。同样是张可久的小令，又见这样的字句：

昼永人闲白玉堂。尝。煮茶春水香。

经过了一冬的沉寂，春水的灵动鲜妍可想而知。由此而焕发出来的春水之香，是对世间万物的全面唤醒，也是感官的集体复苏。借用《碧溪赞》一文里的句子，那就是：

汲溪以石，石鼎春茶。弗激弗扬，斯澄斯莹。水乎云哉，我天其性。

能与这样的春水相得，手中这一盏也同样是：茶乎云哉，人悦其情。

前人有词云："休辞苦，把销魂酒，换点春茶。"套用此格，倒不妨说——休辞忙，趁春光便，换盏春茶。未易春服，先换春茶，即可以一盏清冽，映照并留驻那点滴的春光。

春风正窈窕

朱彝尊《鸳鸯湖棹歌》中有这么一首诗：

雨近黄梅动浃旬，舟回顾渚斗茶新。
问郎紫笋谁家焙，莫是前溪读曲人。

此处的顾渚，是浙江湖州长兴的顾渚山，也即杜牧笔下的茶山。所谓紫笋，就是顾渚所产茶叶，在唐代被茶圣陆羽奉为"茶中第一"。《西清诗话》记有："唐茶品虽多……然惟湖州紫笋入贡……紫笋生顾渚，在湖常二境之间。"《一统志》也称："顾渚山在县西北四十七里，周十二里，西达宜兴，旁有两山对峡，号明月峡，石壁峭立，涧水中流，茶生其间，尤为异品。"之所以会以"紫笋"名茶，在于这一种茶的鲜叶微紫，嫩叶背卷有如笋壳。在今天云南的普洱茶中，也有紫芽一种，同样是因鲜叶微紫而得名。把紫芽压成饼后，会焕呈淡紫的微光，茶气清远。每次把盏品啜，总会有幽绪不觉中泛起，去到陆羽笔下，飘然而至杏花春雨、千山漾绿的江南。

关于茶山，杜牧集中，有《题茶山》《茶山下作》《入茶山下题水口草市绝句》《春日茶山病不饮酒因呈宾客》诸题。读这些诗，则春光与茶山之间的那份相得，好茶与佳山水之间的相依相傍，俱一时鲜妍活泛于目前。

其中，《题茶山》一首，让我们看到了所谓好茶的生长之地，有着怎样的容色与气象——

溪尽停蛮棹，旗张卓翠苔。
柳村穿窈窕，松涧渡喧豗。
等级云峰峻，宽平洞府开。

> 拂天闻笑语，特地见楼台。
> 泉嫩黄金涌，牙香紫璧裁。

如诗所咏，产好茶的所在，从来就不是车马喧阗的人境。这里头的声响，唯有风声、松声、涧声；和人相关的，大抵也只有采茶声、煮茶声。山岭深幽，云雾必不可少，是以有苍苔展翠，洞府杳然；阳光也不可少——朝旭夕晖，云瀹露涥，才能够成就极品的好茶。而深幽的山岭当中，总有好水。可以是溪，也许是涧，往往有泉。所以，<u>行走茶山，最讲究最写意的，莫过于刻下即瀹茗品饮——用当地的水，沏成一盏苍翠，沏出一山云雾烟霞。</u>

而《茶山下作》一诗，又让我们看到了在骀荡春风之中，茶与山是如何的相得：

> 春风最窈窕，日晓柳村西。
> 娇云光占岫，健水鸣分溪。
> 燎岩野花远，戛瑟幽鸟啼。
> ……

毕竟春天了，于是，云是娇云，水是健水，野花可以燎岩，幽鸟四下鸣啼——《顾渚茶山记》中有："顾渚山中，有鸟如鹎鸰而色苍，每至正二月，作声曰：春起也；三四月云：春去也。采茶人呼为唤春鸟。"在这样万物苏生的季候中，茶树也最得时，悄然自在，奋力生长。

春起也，春风正窈窕，去不到茶山，却不妨在风中把他一盏，让双瞳一青，尘情不再。

春雨分茶

"雨水"一过,这春天的雨果然就如约而至,开始敲窗叩帘、泗石润苔。而随着这雨水的洒落,窗外远处山峦的颜色,也逐渐变得生动起来。这种时候,总是会想起汤显祖的一句诗——"杯深梅雨沾衣色"。尽管汤显祖的诗远逊于曲,尽管这一首整体看也实在平庸,然而这一句,却令人过目不忘。梅雨,是窗外的空蒙烟景;杯深,是眼前的混瀁难却;衣色,则是随着季节而渐生更易的鲜妍明洁。如此呈于目前,就绘就了足以横跨时空的一个春日,一场离别。它不但勾勒着难舍与缱绻,同时也描绘出清新与诗情。以至于每一个春雨飘洒的时日，都不免想起，任心绪，萦绕辗转于这样一杯春天。

常常会想，汤显祖这深杯中所有之物，应该就是茶吧？虽然不无酒的可能性，不过是茶的话，却似乎更为相宜。这样想的原因，一则是色泽的焕映使然——无论是青碧山水，还是鹧鸪斑斑，与梅雨衣色交织在一块儿，似乎都要来得更为生动和鲜明；二则乃与情味有关——酒绝大多数情况都只有一色沉酣，而茶，却偏偏是在清醒的状态中与沉醉遭逢，怀抱之幽深，何须言明；第三个，则是因为在众多古代诗歌当中，我们所读到的，都是一橡春雨之下的倚窗把盏，听雨分茶。

一众写及春雨分茶的诗作当中，最为脍炙人口的，当属陆游的这首《临安春雨初霁》：

世味年来薄似纱，谁令骑马客京华。
小楼一夜听春雨，深巷明朝卖杏花。

矮纸斜行闲作草,晴窗细乳戏分茶。
素衣莫起风尘叹,犹及清明可到家。

当然,这首诗所写并非典型意义上的雨窗分茶。它不仅写到了雨,也写到了晴,是一个春雨初霁的过程。雨,是一夜所听;茶,却是晴窗所分。一夜所听的雨,带出了一地湿漉漉的清新,那种细碎的、透着花香的清新;而晴窗所分之茶,则把春光特有的耀目,还有那迟迟春日当中的闲暇慵适,都写得有质可感,有声可闻,是泠泠然,也是朗朗然。以至于提到春雨茶事,大多数人第一时间想到的,大概就是这首诗。

陆放翁富于诗,所写春雨不少,饮茶之事亦甚夥,是以篇中写及春雨茶事的,也就自然不在少数。比如这首《游凤凰山》:

穷日文书有底忙?幅巾萧散集山堂。
一樽病起初浮白,连焙春迟未过黄。
坐上清风随尘柄,归途微雨发松香。
临溪更觅投竿地,我欲时来小作狂。

闽中建安凤凰山，有凤凰泉，又名龙焙泉，甚至还有御泉之名，从宋代开始，人们就在此地取水造茶。有佳山水处有佳茗，流连此中，烹泉瀹茗，自然能够洗去一身的尘嚣与繁忙，逸极也幽极，是以就连归途中遇些许雨，似乎都泛起了松香。由这些字句，其实都不难想见这样一场春日当中的把盏，在陆游心头所引发的涟漪。

春天的雨，是趁时也是诗意。春天的茶，同样既趁时也有着无边的诗情。趁着这丝丝缕缕弥漫于天地，不妨倚在窗前，听一窗雨声，也听一窗茶声。这样的情味，写入纸上，字句都倍觉鲜亮，写入岁月，就只会是一味青青，一味悠长。

四月茶语

周作人《再论吃茶》一文，追述了历代的所谓茗饮之法后，篇末写了这么一段：

茶本是树的叶子，摘来瀹汁喝喝，似乎是颇简单的事，事实却并不然。自吴至南宋将一千年，始由团片而用叶茶，至明大抵不入姜盐矣，然而点茶下花果，至今不尽改，若又变而为果羹，则几乎将与酪竞爽了。岂醽茶致敬，以叶茶为太清淡，改用果饵，茶终非吃不可，抑或留恋于古昔之膏香盐味，故仍于其中杂投华实，尝取浓厚的味道乎？均未可知也。南方虽另有果茶，但在茶店凭栏所饮的一碗碗的清茶却是道地的苦茗，即俗所谓龙井，自农工以至老相公盖无不如此，而北方民众多嗜香片，以双窨为贵，此则犹有古风存焉。不佞食酪而亦吃茶，茶常而酪不可常，故酪疏而茶亲，唯亦未必平反旧案，主茶而奴酪耳，此二者盖牛羊与草木之别，人性各有所近，其在不佞则稍喜草木之类也。

这一段的有趣，在于用极简淡的笔墨勾勒了古人嗜茶习性的变化——寥寥数字，横亘的却是近两千年的光阴。团片与叶茶，姜盐与花果，再到究竟是主茶而奴酪，还是主酪而奴茶，抑或二者并行，各取所需，这口味的纷杂各异，还真是叫人叹为观止。

关于北方人对于香片（花茶）的好尚，赵珩在《旧京茶事》中也提到了：

北京人喝花茶讲究是杀口耐泡，尤其是吃得油腻了或刚吃过了涮羊肉，新沏上一壶酽酽的、烫烫的茉莉花茶，真是一种享受。用茶壶沏茶比较节约，茶卤兑开水又可以浓淡由人，不像泡在杯里，一旦忘了喝，茶就凉了。过去京津两地的京剧演员有饮场的习惯，就是正在演出中，跟包的也会走上台去，递上个紫砂小茶壶，于是这位"角儿"就会背过身对着壶嘴饮上一口。其实，这壶里的茶也多是用茶卤兑出来的，该饮场的时候，跟包的会将不凉不热的茶送上，如果是事先沏好的，只要兑点开水就行了。其实，与其说是怕口干，毋宁说是为了摆谱儿。

现在的人已经很少喝香片了。甚至有些人已把香片和劣等茶画了等号，所以赵珩先生在文末又及：

不过，多少年喝惯了花茶，就是好这一口，恐怕是改不了了，可惜别人送我那么多上好的乌龙系列，都是转手就送人了。爱喝花茶的毛病总是被雅人嘲笑，任他去罢。

不过，按照苦茶庵主人的表述，

嗜香片（花茶），乃是"犹有古风存焉"，是以，孰雅孰俗，竟未可知。

其实，哪有那么多雅俗，哪有那么多水幸水厄的分别，就算被嘲为漏卮驴饮，那又何妨！茶不过是树的叶子，喝茶不过是一件畅快写意的事情！所以，在论及饮茶之道的万千文字中，我最欣赏的，还是千利休的这几行：

> 先把水烧开，
> 再加进茶叶，
> 然后用适当的方式喝茶，
> 那就是你所需知道的一切，
> 除此之外，茶一无所有。

是的，这就是你所需要知道的一切。除此之外，茶一无所有。那些此道彼道，在这样的懂得面前，直可谓俗态毕现。

清明已过

有关清明与茶,宋代苏轼最为人所熟知的词作,大概还是要数这首《望江南·超然台作》:

春未老,风细柳斜斜。试上超然台上看,半壕春水一城花。烟雨暗千家。　寒食后,酒醒却咨嗟。休对故人思故国,且将新火试新茶。诗酒趁年华。

所谓"寒食",根据《荆楚岁时记》所载,乃是:"去冬节一百五日,即有疾风甚雨,谓之寒食,禁火三日,造饧大麦粥。据历合在清明前二日,亦有去冬至一百六日。"所以,寒食的到来意味着疾风甚雨,而风雨的到来就意味着青青不复，凋零已至。寒食这天，以前还有禁火的习俗。而在唐宋时，清明之日要赐百官新火。这也就是苏轼词中"新火"的由来。苏轼的难得，在于面对凋零，尚能够毫不作态地保持着超然——已是"半壕春水一城花。烟雨暗千家"了，他却依然认为"春未老"，并且能够在酒醒咨嗟之余，趁着新火，烹煮新茶，这是怎样不同寻常的快意与佻达。

和这首词的写作背景十分相似的，还有《南歌子·晚春》：

日薄花房绽，风和麦浪轻，夜来微雨洗郊坰。正是一年春好、近清明。　　已改煎茶火，犹调入粥饧。使君高会有余清。此乐无声无味、最难名。

苏轼这首，同样提到了寒食过后的改火之俗。有意思的是，他直接就把这所改之火称为了"煎茶火"，可见其嗜茶之深且笃也。

清明，确实是嗜茶之人最重要的

一个节令了。发于清明以前的茶，可以说得到了春天这个季候最为丰厚的眷顾与滋养，蕴含了土地深处最原初的觉醒，也呈露着这世上最为富足的生机。所以喝茶之人，首贵春茶，尤贵明前。明前茶的好处，其实不需要过分渲染，一喝，就知道区别何在了。任由新火新茶，在唇齿间激荡一番，还不需要是什么品茶行家，也能够瞬间就懂得，究竟什么叫作年华。

苏轼还有一首《雨中花》，也是和清明、和茶有关的词章：

> 今岁花时深院。尽日东风，荡飏茶烟。但有绿苔芳草，柳絮榆钱。闻道城西，长廊古寺，甲第名园。有国艳带酒，天香染袂，为我留连。　清明过了，残红无处，对此泪洒尊前。秋向晚，一枝何事，向我依然。高会聊追短景，清商不假余妍。不如留取，十分春态，付与明年。

此时此景，一样是"清明过了"，

也一样"尽日东风""残红无处"了。时间就是这样，过去得了无痕迹，叫人伤怀。不过，与其伤怀，倒不如读这么几首苏轼的词作，看看这位怀抱最为超迈的词人，是如何面对那些疾风甚雨，面对那些逝去与无奈——如何面对这年年一度，令人咨嗟的清明时节。

　　清明已过，芳春已老，不过茶却是正当之时。趁着这风，轻扬茶烟，又何伤于春之逝去——即便只得短景，那还有夜可以相续；即便唯有余妍，那还可以留取春态，把盏新茶，以待明年。

雨窗宜茶

频频下雨的日子，总会想起《红楼梦》妙玉栊翠庵里那旧年雨水烹出来的茶。《清嘉录》载有"梅水"一条，便记录了雨水烹茶的美好：

居人于梅雨时备缸瓮收蓄雨水，以供烹茶之需，名曰梅水。徐士铉《吴中竹枝词》云，阴晴不定是黄梅，暑气薰蒸润绿苔。瓷瓮竞装天雨水，烹茶时候客初来。案长元吴志皆载梅天多雨，雨水极佳，蓄之瓮中，水味经年不变。又《崑新合志》云，人于初交霉时备缸瓮贮雨，以其甘滑胜山泉，嗜茶者所珍也。

故而，周作人《夜读抄》在引了这则《清嘉录》之后，不免就开始相思起"故乡的事情"，特别是那江南的雨——

我们在北京住惯了的平常很喜欢这里的气候风土，不过有时想起江浙的情形来也别有风致，如大石板的街道，圆洞的高大石桥，砖墙瓦屋，瓦是一片片的放在屋上，不要说大风会刮下来，就是一头猫走过也要格格的响的。这些都和雨有关系。南方多雨，但我们似乎不大以为苦。雨落在瓦上，瀑布似的掉下来，用竹水溜引进大缸里，即是上好的茶水。在北京的屋瓦上是不行的，即使也有那样的雨。

……

从前在南京当学生时吃过五六年的池塘水，因此觉得有梅水可吃实在不是一件微小的福气呀。

虽不知道梅水烹茶究竟是一种怎样的风致，不过这样的文字读来，恰如倚着雨窗，把盏清茶。而周作人凡是写茶的文字，向来也最宜雨窗闲展，最得茶的风致。比如收在《雨天的书》中的这篇《喝茶》，展读之际，就是满纸茶烟，满纸氤氲：

> 喝茶当于瓦屋纸窗之下，清泉绿茶，用素雅的陶瓷茶具，同二三人共饮，得半日之闲，可抵十年的尘梦。喝茶之后，再去继续修各人的胜业，无论为名为利，都无不可，但偶然的片刻优游乃正亦断不可少。

是的，喝茶从来不在止渴，当然更不是为了果腹。不过，喝茶也没有必要搞得此道彼道，各种衣袂仙乐一并飘飞。其实，<u>喝茶无非就是一种阻断——对于纷扰的阻断，对于尘境的阻断</u>。坐下来轻啜一口茶的片刻，就算没有所谓清雅的瓦屋纸窗，也一样可以抵销不知多少的尘梦，任由世事随茶烟轻袅。喝完之后，如上文所言，再去继续修各人的胜业，为名为利，也都无不可。这样饮茶，没有刻意的高雅，反倒有着无法掩抑的通脱。当然，如果能够遇到一窗雨声，那就更好了。整个世界滴落着宁静，心里亦然。这种时候，哪怕喝到的是池塘水、管道水，也一样是一盏宁静的美好，同样"不是一件微小的福气"。

夏风如茗

进入夏天了，狂风暴雨、阳光燠热都将次第到来。夏天这个季节的矛盾是有目共睹的——一方面，它可以令到身处其间的人备感烦闷，排解无门；另一方面，它又有着最不可描述的痛快与爽利，荡涤着天地万物，当然也包括人的心神。有意思的是，这样一个充满矛盾的季节，恰恰与喝茶之事最是相宜。陈继儒《小窗幽记》曾云"茶令人爽"，苏轼在谈论漱茶时也说过"除烦去腻，不可缺茶"，所以，置身夏日特有的燠热烦嚣当中，神思郁结，困顿不堪，思茶自然若渴，而茶之"令人爽""除烦去腻"的功效也就自然格外突出。

旧时还有所谓"注夏"之说,又称"疰夏",说的就是进入夏天之后,受到气候影响,所引发的寝食难安。要避免这一症候出现,过去民间有个妙方,称之为"七家茶"。其中茶叶,或馈或索,不同的地方,习俗稍有相异。《西湖游览志》所记为:

立夏之日,人家各烹新茶,配以诸色细果,馈送亲戚、比邻,谓之"七家茶"。

《吴门补乘》亦称:

立夏,饮七家茶,免疰夏。

《清嘉录》所记则与上引略异:

俗以入夏眠食不服,曰"注夏"。凡以魇注夏之疾者,则于立夏日取隔岁撑门炭烹茶以饮,茶叶则索诸左右邻舍,谓之"七家茶"。

很显然,此处"七家茶"的得名,

就不是因为要多方馈赠，反而是在于烹煮的茶叶须从左邻右舍索要而来。可以说，所谓"七家茶"，正让我们看到了茶在夏天到来的时刻，那样一种富于仪式感的存在状态。

更何况，夏天的气象，本身也与茶有着天然的契合。张潮《幽梦影》中就曾写道：

> 春风如酒，夏风如茗，秋风如烟、如姜芥。

一句"夏风如茗"，既道出了茶的禀性，也绘就了季节的特殊面目。茶的甘冽，总是在微苦中发生。它不见得能够令人沉醉陶然，却可以使胸间为之一快，心神为之一清。<u>这的确就像是夏天的风，不是抚慰，也不是伤情，而是荡涤——燠热世间中的一抹畅快，最为难得的清酣。</u>

所以，在夏天，最快意的事情莫过于黄鲁直所言：

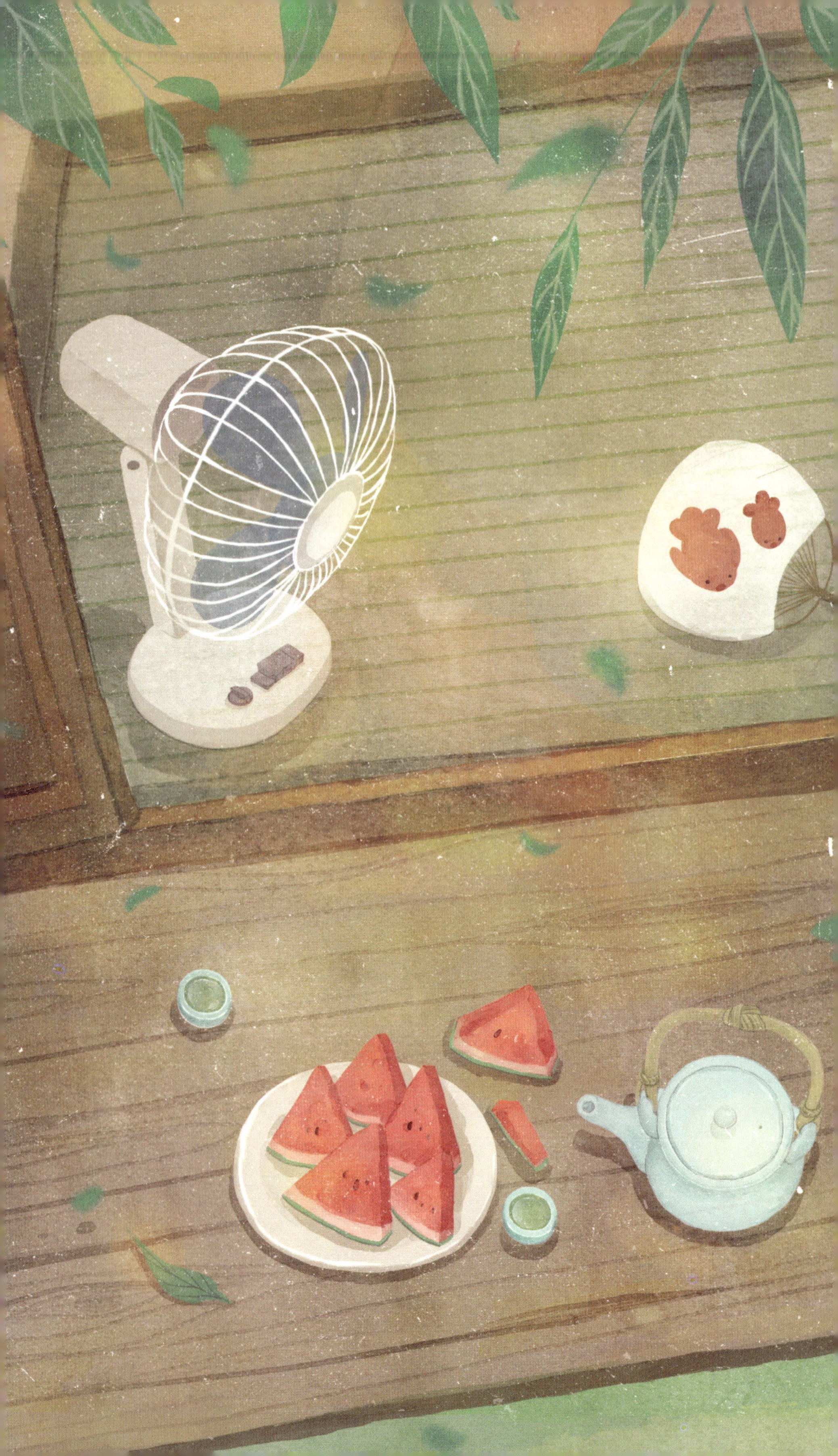

既饱，以康王谷帘泉，烹曾坑斗品。少焉，卧北窗下，使人诵东坡赤壁前、后赋，亦足少快。

好水好茶，好风好文，如此消受着夏日光景，这世界哪里还有什么烦嚣的影迹！唯见一味清凉快意，在此间酣畅淋漓。

夏风如茗。是以夏日风来的瞬息，天地间顿起茶一般的冷冽疏朗；把盏深味的片刻，人也就刹那置身在了夏日风中。品茗于夏，不啻于满世界都刮起了绿色的风。虽称酷夏，最宜清茗。

夏初临，睡分茶

有一个词牌叫作《夏初临》，每逢新夏初临时节，都不由得会想到它。趁着首夏清和，或翻读几首，或填他一阕，任由夏日的光色在字句间泛起，实在不失为一种极好的迎夏方式。说起来，这个词牌填的人并不多。而就宋代词人所作来看，有那么两首，夏天的韵致最是分明。

其中一首，是刘泾的《夏初临·夏景》：

泛水新荷，舞风轻燕，园林夏日初长。庭树阴浓，雏莺学弄新簧。小桥飞入横塘。跨青蘋、绿藻幽香。朱阑斜倚，霜纨未摇，衣袂先凉。　　歌欢稀遇，怨别多同，路遥水远，烟淡梅黄。轻衫短帽，相携洞府流觞。况有红妆。醉归来、宝蜡成行。拂牙床。纱厨半开，月在回廊。

夏天是一个很特殊的季节，它意味着物象繁盛，时日悠长。除了难耐的酷热外，夏天的很多时候都可以说是写意的。对着一庭浓阴、一池新荷，再来一廊月色、一室凉风，这时节除了闲情佚荡，哪里还会有什么忙碌的意绪攀上心头。夏天这个季节的标配，就应该是一个躺椅，或置于阳台，或放诸庭院，坐亦可，卧更佳，任意看几行书，听几声蝉，眠几窗雨，喝几盏茶……如此度夏，或许才不负这时节的长昼与月夜，还有那些新荷泛水，烟淡梅黄。

另一首，则是出自洪咨夔之手。

夏初临

铁瓮栽荷,铜彝种菊,胆瓶萱草榴花。庭户深沉,画图低映窗纱。数枝奇石谽谺。染宣和、瑞露明霞。於菟长啸,风林未鸣,霜草先斜。　雪丝香里,冰粉光中,兴来进酒,睡起分茶。轻雷急雨,银筐迸插檐牙。凉入琵琶。枕帏开、又送蟾华。问生涯。山林朝市,取次人家。

这一首词,勾勒了一幅"庭户深沉"的图景,那些铁瓮铜彝、胆瓶窗纱,让我们看到了旧时节夏天的室内光景,有典重,却也依然可见幽意与闲情。不过,整首词夏的意味不甚分明,若不是前有榴花提醒,后见急雨轻雷,还真是会心生恍惚。

整首词最韵的部分,则在下片这八个字——"兴来进酒,睡起分茶"。一句"睡起分茶",四个平淡无奇的字,便把这个季节里那份弥漫的闲适与慵懒道得分明。其实这世间有太多的事,都不宜匆匆，更不宜仓促。太过强求效率，往往就失掉了这过程中唯有徐徐方能感知的真意与诗情。读书治学是一桩，吟风弄月也是一桩；悠闲消夏是一桩，睡起分茶也是一桩。睡起，分茶，在惺忪中自斟一碗甘冽，在自得中消遣也沉淀一段辰光。这个行为本身，就充满了"刚刚好"的意味。而太多的"刚刚好"，都与促迫并无关联。

<u>在躁动大于沉潜的岁月里，学会停顿，也许才能挽住时间的缰辔，才能拯救过分粗伧的日常</u>。夏初临，睡分茶，从来诗意所在，并不需要什么条框，需要的，无非只是一个停顿的片刻，一个懂得的刹那。

唐诗中的夏日茶事

进入三伏天，面对横肆的暑意，并非唯有空调才能救赎。也许一盏清茶，就能够"露顶洒松风"，受用一夕的爽意。至少，在唐人有关夏天的吟篇中，每见茶之踪迹，便叫人暑气顿消。

窗下闲坐，清茶一盏，称得上是最好的度夏方式之一。有关这一点，唐人可谓了然于心。白居易《何处堪避暑》一诗，就已将此道得分明，其诗曰：

> 何处堪避暑，林间背日楼。
> 何处好追凉，池上随风舟。
> 日高饥始食，食竟饱还游。
> 游罢睡一觉，觉来茶一瓯。

眼明见青山，耳醒闻碧流。
脱袜闲濯足，解巾快搔头。
如此来几时，已过六七秋。
从心至百骸，无一不自由。
拙退是其分，荣耀非所求。
虽被世间笑，终无身外忧。
此语君莫怪，静思吾亦愁。
如何三伏月，杨尹谪虔州。

这首诗写得佻达而明快，将生涯中的那份闲适与自由敷演得尽致淋漓。"觉来茶一瓯"，这一句读来真是写意。茶，总是和醒觉连在一起的。这种醒觉，与其说是日常的，倒不如说是精神上的。只有真正意义上的唤醒，才会"眼明见青山，耳醒闻碧流"，才能"从心至百骸，无一不自由"。

白居易还有一首《春末夏初闲游江郭二首》（其一），又把那初夏茶事，写得可爱非常——

闲出乘轻屐，徐行蹋软沙。
观鱼傍滋浦，看竹入杨家。

> 林迸穿篱笋，藤飘落水花。
> 雨埋钓舟小，风扬酒旗斜。
> 嫩剥青菱角，浓煎白茗芽。
> 淹留不知夕，城树欲栖鸦。

"嫩剥青菱角，浓煎白茗芽"，这两句真是清新之至。避暑需茶，而新夏的打开方式，同样也离不开茶。"浓煎"一语值得深味。像夏天这种各项指标都抵达最大的季节，也许只有浓酽，才能令人最真切地懂得其间的色色风致。

就算周遭都已被暑气包裹，唐人，竟也可以凭借手边这一壶清茗，成就一味幽凉。柳宗元有一首《夏昼偶作》，正赋此情。诗曰：

> 南州溽暑醉如酒，隐几熟眠开北牖。
> 日午独觉无余声，山童隔竹敲茶臼。

从诗来看，这一壶茶其实尚未沏就，可单听着竹间传来的山童敲打茶臼之声，却仿佛已有清风满怀，清冽萦齿。

李中有一首《夏日书依上人壁》，

同样呈现了一团暑气之中,茶事所能营建的那份清凉——

> 门外尘飞暑气浓,院中萧索似山中。
> 最怜煮茗相留处,疏竹当轩一榻风。

煮茗相留,便有一榻竹风。这其间的清凉深幽,又岂是身心俱为飞尘暑气缠绕之人所能懂得的。

所以,避暑并不见得一定要有繁阴蔽日,满户凉风。入夏一盏茶汤,其实亦有无尽清风起于盏上,有无尽澄澈沁入肺腑之中。所以,何处堪避暑,最好的回答也许恰是——觉来茶一瓯。

实际上,此一瓯清意,又何止避暑一项能事,依钱起所咏,它尚可——

> 竹下忘言对紫茶,全胜羽客醉流霞。
> 尘心洗尽兴难尽,一树蝉声片影斜。

一盏夏茶,一盏流光,"杖藜青石路,煮茗白云樵",倚此,足以唤醒神思、访遍寂寥;对此,亦可洗彻尘心,片刻忘言。

秋天与茶

立秋一过，日子就正式进入秋天了。之前漫长的夏日白昼，似乎一瞬间便宣告隐退江湖。风，清朗起来，天空，也高远起来，黄昏的步调更是来得比平素要急切一些。进入秋天，不仅仅风色迥异了，就连喝茶的情致，也一时间不同起来。

郑板桥有一组《李氏小园》，其间一首就写到了"秋茶"。诗曰：

兄起扫黄叶，弟起烹秋茶。
明星犹在树，烂烂天东霞。
杯用宣德瓷，壶用宜兴砂。

> 器物非金玉，品洁自生华。
> 虫游满院凉，露浓败蒂瓜。
> 秋花发冷艳，点缀枯篱笆。
> 闭户成羲皇，古意何其赊。

扫黄叶，烹秋茶，这两句一出，一园秋意便已溢乎纸上了。秋天的一盏茶色，既倒映着季候的凄清，同时也带来了一些透着清冽的暖意。更何况正当拂晓，既有明星在树，又有东方天空绚烂的朝霞。这种时候喝茶，用一盏清茗开启一天的辰光，这其间的诗意，实在是超尘拔俗的。再衬之以合宜的茶具，品啜把玩之间，兴味也就愈发深长了。而且，器物并不需要多么的讲究，只要足够雅洁，便已然是周身光华了。擎此一杯秋茶，听着院落在不绝于耳的虫吟中生出凉意，看着瓜果上的霜露浥浥，枯篱上点缀着的冷冽秋花，这时节饮下的，就是一杯光色最见清冽、意绪最为丰沛的秋天。

每次读郑板桥这首诗，都不免在脑海中勾勒一幅小院秋茶图。总觉得此间应该有一树高大的梧桐吧，那颗硕大的明星，就应该缀在梧桐的枝条之上。也应该有一组藤几、藤椅吧，藤几上搁着紫砂的壶、宣德的瓷杯。还应该，有一个隐隐可见花木的月洞门，衬着这庭院越发幽寂，越发是另一方与俗无涉的天地。一早起来，扫去落叶，在这样的所在闭户把盏，所能领受到的秋天，显然就要比他处更为鲜亮，滋味也更觉绵长。

秋茶之饮，说起来总是宜静宜清，宜晨宜雨，这既是秋天的季候使然，其实也是茶的禀性所致。清人所写"茶味静中永"一句，便颇能绘出秋茶的神情。惟静，其味方永；惟清，其意方秋；惟晨，方足以澄清一日之尘俗缠绕；惟雨，方足以听彻这世间无数的幽怀。

而能够在秋天坐下来喝他一盏秋茶，当然还要有足够的闲雅与幽恬。元代有位僧人释大圭，有一首《王丞石泉》就写道：

白石丛丛屋上山，泉声一道碧云间。
十分如练月同色，万古不痕天照颜。
静夜竹斋知雨意，清秋茶鼎共僧闲。
甘寒可濯功名念，公子青袍鬓未斑。

是泉，自白石间漫泻，在碧云间可闻，有着月华一般的色泽，也有着青空一般的明澈。以这样的泉水泡茶，在清秋时节斟来，那就意味着闲适之趣与山僧同，清冽之况，亦与山僧同。

茶，从来只是一盏，却在四季间泛着各异的光色。不同的季节品啜，同样一味清茗，也都溟濛出各自的滋味与神情。秋天的茶，若能喝出一味澄澈隽永，任这味澄澈隽永存在齿间，横于心上，便也能够不负清秋不负茶了。

茶梦秋声

清人笔记《冷庐杂识》卷四有一则《朱瓣香词》，记了一组朱瓣香关于秋声的赋咏，其文曰：

山阴朱瓣香同年守方，才藻绝俗，登第后遽下世。尝于秋夜枕上戏咏"声"字，用独木桥体作《醉太平调》词十二解，殊有别情，漫录于此。

"高槐怒声，修篁恨声。萧骚叶堕阶声，破窗儿纸声。"

"沉沉鼓声，寥寥磬声。小楼横笛声声，接长街柝声。"

"邻猧吠声，池鱼跃声。啾啾独鸟栖声，竹笼鹅鸭声。"

"虫娘络声,狸奴赶声。墙根蟋蟀吟声,又空梁鼠声。"

"重门唤声,层楼应声。村夫被酒归声,听双扉阖声。"

"兰窗剪声,芸窗读声。孀闺少妇吞声,杂儿啼乳声。"

"喁喁昵声,喃喃梦声。咿唔小女娇声,有耶娘惜声。"

"盘珠算声,机丝织声。松风隐隐涛声,是茶炉沸声。"

"风鸣瓦声,人离坐声。窗盘叩响连声,想残烟管声。"

"床钩触声,窗镮荡声。檐前玉马飞声,似丁当珮声。"

"空堂飒声,虚廊飔声。花阴湿土虫声,作爬沙蟹声。"

"遥声近声,长声短声。孤衾挨到鸡声,盼晨钟寺声。"

这十二首词作,写彻了秋天夜晚的声响。漫长的秋夜,就坐落在这些或遥或近,或长或短的声响当中。这些声响存在,点缀了秋夜的寒凉与凄清,也渲染了秋夜的物态与人情。自然风色,世间儿女,都在这声响中鲜活。秋声四起的夜晚,幽深又不失生动,清寒中也透着温暖,既诗意,更真实。

在秋夜众多的声响当中,茶声的存在,可谓是其间最幽寂的一笔。"盘珠算声,机丝织声",世间的忙碌在这秋夜中显然并不曾停歇,枕上听来,仍然一味嘈杂。不过,"松风隐隐涛声,是茶炉沸声",这两句一出,世界却仿佛一瞬间就静了下来。秋夜最写意的,莫过于倚窗而坐,沏一壶茶,对一山松、一庭竹、一廊月、一帘风,就一豆灯,任意读几行书,昏昏然睡去,梦中即有茶,有月,有竹,有松,还有风。

《冷庐杂识》的作者陆以湉,本身写过一阕《金缕曲》,词中就有"茶梦"云云。这首《金缕曲》的下片写道:

阑干十二通花径。想樽边、掀髯啸傲,几经闲凭。踠地筠帘低不卷,半榻炉烟摇暝。似前度,敲诗清景。雨过空阶苔翠合，早一天，秋意来疏鬓。茶梦熟，北窗枕。

好个"茶梦熟，北窗枕"！能够高枕北窗，那就仿佛渊明一般的澹荡洒落，潇洒出尘，羡煞旁人。而能够把清夜交付于一衾茶梦，耽溺如斯，沉醉如斯，又足见不一般的深情。有此胸襟，遂成澹荡；有此深情，方足沉酣。

所以，就算是秋意袭来疏鬓，那又何妨！听秋声，枕茶梦，秋夜里，处处都是敲诗清景，樽盏边，刻刻皆能掀髯啸歌。

三二声，秋月下

张岱《快园道古》卷二《学问部》记了一则徐文长的《石磬铭》，虽然只有十二个字，但真是韵到十分，叫人无限俯仰，含咀不尽。其文曰：

客话余，煮茗罢，三二声，秋月下。

读这则铭文，会让人想到丰子恺的那帧小画——卷起的竹帘，一钩新月，两把藤椅，桌上随意放着一柄茶壶、几个茶盏。画上题有这么一行字，"人散后，一钩新月天如水"。那清旷夐远的意味，就这么在字句间招展漫溢。"客话余"，带来的是一夕倾谈的余温。在静默里，也有可以听见的会心。"煮茗罢"，是松风散去后的一室悄静。茶烟轻扬，茶香袅袅。"三二声，秋月下"，这又是何等样清泠泠的声响，在一泓皎洁中轻轻荡漾。

"三二声，秋月下"，在这样的字句中，勾勒的就是叫人神远的一味生涯。如此清淡，如此恬静，像是发黄画纸上的隐微墨色，又像是舣舟江上，不知哪里飘来的一曲棹歌。其实，秋窗下的一壶茶，往往也能叫人想到这样的生涯。似乎有一种天然的契合，不待任何刻意与虚夸。

罗志仁有一阕《木兰花慢》，虽然以"禁酿"为题，也写到了秋日与茶。词曰：

汉家糜粟诏，将不醉、饱生灵。便收拾银瓶，当垆人去，春歇旗亭。渊明权停种秫，遍人间，暂学屈原醒。天子宜呼李白，妇人却笑刘伶。

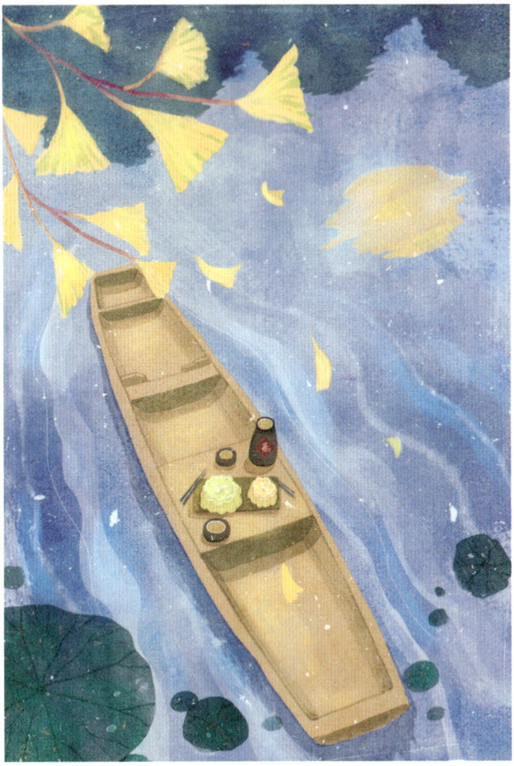

温存鸬鹚鹦鹉，
且茶瓯淡对晚山青。
但结秋风鱼梦，
赐酺依旧沉冥。

提葫芦更有谁听。爱酒已无星。想难变春江,蒲桃酿绿,空想芳馨。温存鸬鹚鹦鹉,且茶瓯淡对晚山青。但结秋风鱼梦,赐酺依旧沉冥。

一个"茶瓯淡对晚山青",满纸秋风逸致,叫人颇事追怀。虽然无酒为欢,禁酿后遭遇诸般无奈与怅惘,可这样的逸致一出,却又使人备感人生在在,不管什么样的处境,其实都无妨于诗意的涌出与汲取。再是无奈的片刻,也可以擎一瓯茶,对一山青,从容,写意。

葛长庚的《永遇乐》,则是将这人生中的放达自适,淋漓酣畅地赋咏了一番。神色间的清旷与洒脱,一样令人心生欢喜——

懒散家风,清虚活计,与君说破。淡酒三杯,浓茶一碗,静处乾坤大。倚藤临水,步屧登山,白日只随缘过。自归来,曲肱隐几,但只恁和衣卧。　柴扉草户,包巾纸袄,未必有人似我。我醉还歌，我歌且舞，一恁憨痴好。绿水青山，清风明月，自有人间仙岛。且偎随、补破遮寒，烧榾柮火。

淡酒三杯，浓茶一碗，天地之大，尽在此中了。"一恁憨痴好"，此等憨痴，还真是襟袖飘飘，何其潇洒。

所以人生圆不圆满，并不在于拥有了多少。立于"三二声，秋月下"，就算手边只有淡酒三杯、浓茶一碗，那些懂得的人，也可以在倾耳之际、仰首之时，领受无边诗意，获得生命中最丰富与隽永的赐予。只知斤斤于眼前，戚戚于来日，那些"三二声，秋月下"的清远绝尘，又何足与语！

煮

泉啜茗

《卧雪诗话》与普洱茶

石屏袁嘉谷,光绪二十九年(1903)取得经济特科第一名,其《卧雪诗话》卷二便有与普洱茶相关的文字:

普洱茶之名,中国皆知。其见于诗者,燕公云:"看云石上眠湘簟,觅句花间试普茶",又,《人日诸同里小集》云:"宦味且尝燕市酒,乡心聊醉普山茶"。余在都中,见云南北馆壁上碑刻有许瞻鲁少司空希孔联云:"世味但尝燕市酒,乡情惟有普山茶",因补书悬之新馆。后许之联,盖本于先许之诗也。

普茶著名者，曰倚邦茶、漫撒茶、攸乐茶、易武茶；以地分，曰凤眉茶、白尖茶、金飞叶茶、尖子茶；以质分，曰新春茶、阳春茶、四水茶；以时分，尤著者曰蛮松茶。茶产于蛮松，每发芽时，官吏坐索之，苛扰特甚，夷人苦之，遂荒地而不补种新者，今遂绝迹矣。《滇诗重光集》载有蛮松茶诗句。

与宦味的浇薄相联，燕市酒的寡淡不难想见；与浓郁的乡情相应和，则普山茶的醇厚同样无须多言。云南人之于普洱茶，其情结之深厚绵长可见。

越过纸上的茶烟，不难看到，现在出产普洱茶的地方，早已超出《卧雪诗话》所提及的那些。譬如临沧一地，便有数量十分可观的古树茶园。这些古茶树，年纪较轻者，不下百年；年纪稍长者，动辄可逾千年。据称，临沧最古老的一株茶树，树龄已达3200年。每次看到那株擎举在风里的苍翠，都会感叹：在真正的漫长面前，时间就只若一瞬；而流光，竟也可以因为不变而趋向凝伫永恒。

众所周知，普洱茶的原料是云南特有的大叶种茶。其叶形舒展阔大，是普洱茶独有的美好。喝普洱，向以古树为上，在于那份青苍与甘醇，是岁月才能给予的神情。至于明前茶，也一贯是茶客们竞相追奉的对象。它的好，大约是铆足了劲的缘故——阳光铆足了劲，雨水铆足了劲，云雾也铆足了劲，所以茶味格外郁烈悠长。每年这个时候，正值新茶上市。不过当年的茶，总是太新，放个几年下来，滋味就迥然不同了。这是唯普洱才有的变化——龙井放一年，那点清新便消弭殆尽了；普洱放十年，舌尖上的绽放才会层涌迭现、超乎想象。

古树普洱的好，就在其滋味的醇厚甘冽，陈而不腐，旧而能新。每一口，除了青碧山水，还有岁月烟云。每一口，都牵系和焕映着所谓乡情。

霞客茶踪

跟随着徐霞客在滇中游历的履痕，不难发现，在其进入顺宁（大约今天临沧凤庆一地）之后，云雾就骤然弥漫起来。错落的人家，大多"倚云临壑"而建；那些"荞地旱谷"，也是"垦遍山头，与云影岚光，浮沉出没"；大大小小的山峰，更是镇日"高笼云雾间"。

在这样的地方行进，一路上，自然是穿云斫雾，非雨即雾：

及出户，则浓雾自西驰而东，其南峡近岭，俱不复睹。

复上坡，山雨倏至；从雨中涉之，得雨而雾反霁。

其时四山云雾已开，惟峰头犹霏霏酿氤氲气。

隐于云雾中的山林，有着别样的幽闃与苍郁——是"悬屏削于重树间，幽异之甚"，也是"木荫藤翳，连幄牵翠"。在这样的崖山中行进，其艰辛不待言，其写意亦不待言。如果在这样的行程中可遇一个喝茶的所在，得饮那么一盏清茶，其畅快亦不待言。深谙旅行之乐的徐霞客，又怎会不解此中之趣？

徐霞客途中的饮茶，总是发生在山寺当中。比如，有这样的字句："小憩阁中，日色正午，凉风悠然，僧瀹茗为供。"没有花费更多的笔墨去渲染萧寺的清幽、寺僧的出尘，一个"凉风悠然"，便已叫人心生无数向往。瀹茗，煮茶、烹茶之谓也，朱熹即有"瀹茗浇穷愁"之句。现今凤庆人都乐于说道，徐霞客当年到此，喝的正是当地特有，用陶罐烹煮的百抖茶。

至于徐霞客在顺宁遇到的茶房，一则每与山寺相系，一则屡见于崖侧岭头——"有寺倚峰北向，前有室三楹当岭头，为茶房""冈之东，下临深壑，庐三间缀其上，乃昔之茶庵"。在这样的地方喝茶，当头领受的，便是山巅恣意无拘束的风；盘旋萦绕于胸壑的，则是浩荡、峭拔；而饮啜入口的，乃一盏云深，一盏山色烟霞。现在人喝茶，总是此道彼道、高深莫测，各种精工典致的器皿屋宇，讲究到无以复加。相形之下，徐霞客笔下的茶房，素朴得一点色泽皆无。然而在我看来，这却是饮茶的至境。如果真要讨论所谓"道"的话题，也唯有这般喝来，才更近乎道，因其更近自然。

故此，山行途中遇到烟霞吞吐、可停脚喝茶的所在，徐霞客总"恨不留被襆于此，倚崖而卧明月也"。确实，于此间倚崖卧月、"瀹茗留榻"，不知能销他多少尘梦，慰他多少情肠。

红楼梦中茶

《红楼梦》中,茶和人一般,既可见寻常市井巷陌中物,也有那梦中方得、世外方见的奇珍。茶于《红楼梦》中的初次亮相,是小说第一回,贾雨村来至甄士隐家中,有所谓"小童献茶"。不咸不淡,一带而过,显然是市井中司空见惯之茶。

由第五回开始,《红楼梦》中的茶方才不同凡响起来,梦中之品也初见端倪。第五回,在宝玉梦中,警幻仙姑甫一登场即说到了茶:"今忽与尔相逢,亦非偶然。此离吾境不远,别无他物,仅有自采仙茗一盏,亲酿美酒一瓮,素练魔舞歌姬数人，新填《红楼梦》仙曲十二支，试随吾一游否？"等到那仙茗捧出，果然的的确确非世上能有之物：

大家入座，小丫嬛捧上茶来。宝玉自觉清香异味，纯美非常，因又问何名。警幻道："此茶出在放春山遣香洞，又以仙花灵叶上所带之宿露而烹，此茶名曰'千红一窟'。"

从此，红楼梦中茶的基调便已奠定——一则是名字别致且含深意，既关涉小说秘辛，又出尘拔俗，发人所未发；二则是色泽特异，皆扣"红"这一色；三则是烹法刁钻，绝非世间井泉溪涧之流所能比肩。

第八回亮相的"枫露茶"，便是一盏典型的红楼梦中茶。小说写道：

宝玉吃了半碗茶，忽又想起早起的茶来，因问茜雪道："早起沏了一碗枫露茶，我说过那茶是三四次后才出色的，这会子怎么又沏了这个来？"

茶名"枫露",汤色之殷红自可想见,无怪乎脂砚斋直接批道:"与'千红一窟'遥映。"而对烹茶一事的呼应,则要到妙玉的栊翠庵了。小说第四十一回,妙玉烹茶招待贾母、刘姥姥一行,用的是旧年蠲的雨水;招待宝玉黛玉等人,用的则是"收的梅花上的雪",用鬼脸青的花瓮埋在地下,一埋就是五年。这五年前"梅花上的雪"烹出来的茶,叫宝玉吃得是"果觉轻浮无比,赏赞不绝",叫读的人则是唯有艳羡。

其实,叶上的露,花上的雪,都是极洁净透亮之物,与女子面上的泪珠,有着如出一辙的剔透与晶莹。而殷红的色调,恰点了红楼的题——那发诸肺腑的赤诚与深挚。众所周知,"绛珠"就是血泪之谓。那这一盏盏泛着绛色,清极韵极的茶,又岂能没有一些深意寄在其中。所以,六十三回,作者最终捧出了"女儿茶"为梦中之茶作结。

"眼前春色梦中人",梦中之人,无非女儿;梦中之茶,则是女儿茶。作者作者,真真鬼才也!

世情茶一盏

茶，也并非总是和清系在一块的。茶寮、茶肆，有许多就建在市井人群之中。熙来攘往，议论纷杂，热闹喧哗。同是一盏茶，此际照见的，却是多少世态人情，物象繁华。

《金瓶梅》中，茶之出现，便与世情两相映照。小小一盏，居然也光色无边，跃动鲜活。

比如，小说第二回，写潘金莲对武松上了心，就有这么一笔：

> 三口儿同吃了饭，妇人双手便捧了一杯茶来递与武松。

之前，席间是酒，那妇人只是"拿起酒来"。到了此番，这么双手一捧，那满满的殷勤与作意，所谓"一片引人心"，简直要从杯中溢将出来。如此风色，确实叫那武松如何生受得起。

后面出现的王婆，开的也并非酒肆，而是一个"茶局子"。之后的众多苟且，都是绕着茶这么一味，一环环漾开。写西门庆的渴切，就是如此。一大早，茶局才开张，西门庆就已是"踅过几遍"，接着"奔入茶局子水帘下""浓浓点两盏稠茶"。然而这一大清早的浓茶，也未能熄掉此君内心的躁动。于是，在王婆眼中，又见他"踅过东看一看，又转西去，又复一复，一连走了七八遍"。少顷再次进入茶房，老于此道的王婆便点出了所谓"宽蒸茶儿"。这一番笔墨，写得真是好看。那份对于世情的洞悉，尽在茶中。

到西门庆有意迎娶孟玉楼时，这茶的亮相也颇为关键。

只见小丫鬟拿了三盏蜜饯金橙子泡茶，银镶雕漆茶钟，银杏叶茶匙。

这一回开篇，卖翠花儿的薛嫂儿关于孟玉楼"手里有一分好钱"的那番说道，多少张床，多少四季衣服，多少箱子银子，都不如这茶上得体面。喝个茶都如此气派，其家世如何自不待言。也就无怪西门庆会因为这桩亲事，整个人"欢从额角眉尖出，喜向腮边笑脸生"了。

到了第十二回，李桂姐处拿出的茶，则是香艳到叫人咋舌。

只见少顷鲜红漆丹盘拿了七钟茶来，雪绽般茶盏，杏叶茶匙儿，盐笋、芝麻，木樨泡茶，馨香可掬。

这哪里是"馨香可掬"能够形容的。单看木樨泡茶一项，其香气的浓郁就可想而知。再看盐笋与芝麻的加入，则这盏茶滋味之浓烈亦不难想见。显然，《金瓶梅》那种种情色，茶上也可见一斑。

实际上，《金瓶梅》中的茶，几乎辨不出茶本真的味道——与真无关，与纯粹无关。这就好似书中的一众男女——所演出的，可谓色色世情皆备，且浓郁强烈得超乎想象，却与"真"之一字，了无关联。

江湖茶事

江湖中，不仅有酒，还有茶。

既然是江湖中的茶，就一定少不了刀光剑影、武艺高强。

金庸笔下，写得最热闹有趣、最洒脱不羁、最真实残酷也最具诗意的江湖，大抵要数《笑傲江湖》中的那一个。小说一开篇，刻画了一个突逢巨变的林平之。由昔日福威镖局的少镖头，到此时扮作驼子流落街头，自他眼中看来，这江湖中的茶就充满了诡谲的风云。

不期然中，林平之走进一间满是人的茶馆避雨。正当他喝着茶咬着瓜子解闷时，三条汉子也坐到同一桌，喝着茶各自聊天，议论起江湖的种种人事。不一会儿，整个茶馆都加入到这议论中。这个在雨中偶进的茶馆，顿时成了一个小小的江湖。

这江湖中最嚣杂的，大约就是声响了——不仅有议论的激切热闹，还有人将茶壶盖敲得当当响，大声叫唤冲茶，甚至，还有咿咿呀呀的胡琴声儿，有人唱着苍凉的调儿。终于有人忍不了胡说八道，默默地露了一手功夫：

忽然有人"啊"的一声惊呼，叫道："你们看，你们看！"众人顺着他手指所指之处瞧去，只见那矮胖子桌上放着的七只茶杯，每一只都被削去了半寸来高的一圈。七个瓷圈跌在茶杯之旁，茶杯却一只也没有倾倒。

于是所有的喧哗，就在这一手惊世骇俗的神功展露之后，有了突然的歇止。然而这静，也没有维持多久。此后又有新的人群，携着新的议论到来。这就好比江湖，动荡才是常态，宁阒总属异象。

当然，江湖中的茶，除了血腥气与蒙汗药外，也有着世人无从想见的一丝清意。比如，令狐冲去到绿竹翁小舍喝的那一盏，就可谓清极。

令狐冲随着他走进小舍，见桌椅几榻，无一而非竹制，墙上悬着一幅墨竹，笔势纵横，墨迹淋漓，颇有森森之意。桌上放着一具瑶琴，一管洞箫。
绿竹翁从一把陶茶壶中倒出一碗碧绿清茶，说道："请用茶。"

一定是一把陶茶壶，如此方能远俗；一定是一碗碧绿清茶，如此才能衬出那份凤尾森森的清韵。

江湖中的茶，也还不乏诗情。而且，这诗情总与人情两相照映。

其时雨声如洒豆一般，越下越大。只见一副馄饨担从雨中挑来，到得茶馆屋檐下，歇下来躲雨。卖馄饨的老人笃笃笃敲着竹片，锅中水汽热腾腾地上冒。

从来有人的地方，就有江湖。江湖中的种种，撇开那些惊人的功夫，无非即是世态人情。江湖中的茶，也无非如此——有浊，有清，有高，有下；有险恶，有安宁，有嘈杂，有死寂；有装腔作势，也有一径真实，有互相包裹，也有泾渭分明。

看山与饮茶

安性闲情,最宜看山。无论胸中有无丘壑,对着那绵延峰峦、蓊郁长林、烟霭云霞,大抵都会有尺寸之得吧。有烟霞痼疾者,对之自可疗愈;染尘俗膏肓辈,借此或能扫清。"当窗无非泉石,绕榻不过云霞",如此养就的神情,其淡远可知,其从容亦可知。

看山之乐,多与闲情相关。北宋郭熙尝云:"春山淡冶如笑,夏山苍翠如滴,秋山明净如妆,冬山惨淡如睡。"与之相类的表述,还有"春见山容,夏见山气,秋见山情,冬见山骨"以及"春山多笑容,夏山多烈气,秋山多痴情,冬山多傲骨"等等。看山究竟有何深趣，最是可意会不可言传。但有一点并不难懂，这些都是具闲情之人方能领受之趣。若无闲情驱驰荡涤，如何能够熨帖如斯，幽微如斯。

而闲情，又总和茶系在一块。看山之际，倘有一盏清茶在握，则山光水色，顿时鲜活溶漾于啜饮之间。呷一口茶，云气随茶香弥漫开去，眼前山色，自然愈觉苍翠清佳。也只有这一盏在侧，看山之境，才得以区别于颠沛途中、匆匆一瞥的世俗情状。

须知看山时候的茶，从来最近自然——无须刻意，不必讲究。或衔云自饮，或就月而斟，或涧旁，或竹下，其间之趣不须强求辄已尽在盏中。个中神情虽然不尽相同，却皆有一股子泠泠然的清意。

停下来，沏上那么一壶遥岑远壑，"身倚磐石，手弄流云"，时光的步履，就这么瞬间慢了下来。这一刻，茶的存在，既是山光云意的汇入，更是襟间掩映不住的闲情凝结。

《看山阁闲笔·清玩部》有《茗碗炉香》一则，写道：

一炉香，一瓯茗，佐人幽赏，以破寂寥。然炉香虽妙，未免烟火生活，曷若芝兰自然之芳气？其炉虽设，而香似可不焚，非比茗碗，所必不可少者。予有卢仝之癖，常于竹外花间、石边月下，取扬子江中之水，烹蒙山顶上之茶，虽七碗，恐犹不足以解吾之病渴也。

"佐人幽赏，以破寂寥"，茶之堪为胜侣为知己，可知矣。据此一席烟霞，饮他一瓯云色，果然是"悠悠然一段静闲里工夫，十倍闹热中岁月也"。宋人有句"山静似太古，日长如小年"，这样的情味，对于这个促迫时代潦草行走的我们，显然已暌违良久，不知该如何去捡拾了。

幸而，"人之精神各有所寄，如渊明隐于菊，和靖卧于梅，弘景怡于云，元章拜于石，惠连酣于风月，游岩癖于烟霞"，山是一寄，茶亦一寄。

煮泉啜茗

喝茶之人,最讲究水。唐人陆羽在《茶经》中即对水多有议论:

其水用山水上,江水中,井水下。其山水拣乳泉石池慢流者上,其瀑涌湍漱勿食之,久食令人有颈疾。……其江水取去人远者。井取汲多者。

东坡《汲江煎茶》一诗,笔触所及,亦见茶与水之间:

活水还须活火烹,自临钓石取深清。
大瓢贮月归春瓮,小杓分江入夜瓶。
雪乳已翻煎处脚,松风忽作泻时声。

枯肠未易禁三碗，坐听荒城长短更。

根据诚斋所论，此诗佳处，正在它把茶、水之间的关联写得蕴藉清奇。

水清，一也；深处取清者，二也；石下之水，非有泥土，三也；石乃钓石，非寻常之石，四也；东坡自汲，非遣卒奴，五也。……其状水之清美极矣；……仝吃到七碗，坡不禁三碗；山城更漏无定，"长短"二字，有无穷之味。

到了明代，对于水的拣择更是日趋繁细。《茶录》即有：

品泉

茶者，水之神；水者，茶之体。非真水莫显其神，非精茶曷窥其体。山顶，泉清而轻；山下，泉清而重。石中，泉清而甘；砂中，泉清而冽；土中，泉淡而白。流于黄石为佳，泻出青石无用。流动者愈于安静；负阴者胜于向阳。真源无味。真水无香。

茶与水之间，就是这样一种相得益彰的关系——因为有茶的存在，水的那些并不显著的特质才得以为人所知；因为有水的衬托，茶所具有的品性神采方才能够浮现并鲜活。

茶为水神，水为茶体，此言无虚。对此，前人议论亦夥：

> 茶，南方嘉木，日用之不可少者。品固有嫩恶，若不得其水，且煮之不得其宜，虽佳弗佳也。

于是，才会有那么多的茶客，为了一眼佳泉而费尽周折。明人《煮泉小品》就屡见：

> 山居之人，固当惜水，况佳泉更不易得，尤当惜之，亦作福事也。章孝标《松泉》诗："注瓶云母滑，漱齿茯苓香。野客偷煎茗，山僧惜净床。"夫言偷则诚贵矣，言惜则不贱用矣。安得斯客斯僧也，而与之为邻邪。

因了这份珍视与难得，嗜茶之辈对于山容与泉品，便也多有总结与辨识——

山厚者泉厚，山奇者泉奇，山清者泉清，山幽者泉幽，皆佳品也。不厚则薄，不奇则蠢，不清则浊，不幽则喧，必无佳泉。

当然，茶和水之间，还是要以自然真切为上。太过拘泥，亦属俗情。按照张又新的观点，"夫茶烹于所产处，无不佳也"。不害其味即善，能见其真则佳。正所谓"真源无味，真水无香"是也。

冷面草与苦口师

作为文人生活中不可或缺的一味饮品，茶的别名可谓琳琅满目。而在这众多的别名中，要数"冷面草"与"苦口师"最为有趣。

这两个名称，都见诸宋人陶穀的笔记——《清异录》。冷面草，和符昭远有关。书中记有：

> 符昭远不喜茶。尝为御史，同列会茶，叹曰："此物面目严冷，了无和美之态，可谓冷面草也。"饭余嚼佛眼芎，以甘菊汤送之，亦可爽神。

显然，在不喜欢茶的符昭远看来，

茶唯一的用处就是"爽神",既然用他法也能实现这一效果,那么"了无和美之态"的"冷面草"实在是不足多贵的。

至于"苦口师"之名,则是和皮光业有关。《清异录·茗荈》有这样一则文字:

> 皮光业最耽茗事。一日中表请尝新柑,筵具殊丰,簪绂丛集。才至,未顾尊罍而呼茶甚急,径进一巨瓯。题诗曰:"未见甘心氏,先迎苦口师。"众嚛曰:"此师固清高,而难以疗饥也。"

这段记载很有喜感。在一场并不以茶为主角的宴会上,耽于茗事的皮光业一到就"呼茶甚急",全然不把那些精美的器皿、高贵的宾朋放在眼里,更不要说宴会的主角——新柑本身了,着实大有喧宾夺主的嫌疑。而"径进一巨瓯"这种饮法,联系起《红楼梦》中妙玉著名的嚛语——"一杯为品,二杯即是解渴的蠢物,三杯便是饮牛饮骡了",更是毫无风雅之态。其胜处,不过尽在率真可爱,将其对于茶的喜好表露无遗,亦不失为一种风度。

当然,这两个别名最有趣的地方还在于:它们虽然一个来自于不喜茶之人,一个出自嗜茶如命之辈,所拈出的却是茶身上的同一属性——那样一种逼人的清意。只不过,一个属于厌之因,一个却表明了爱之由。

确实,无论"面目严冷"的形容,还是清高苦口的咏叹,茶在这两个别名中所呈露出的特性均与取悦、迎合无关,反是一种对于精神气韵的澄肃与练濯。

清人宋长白《柳亭诗话》有《茶泉》一则,题下亦列有此二种别名——"符昭远以茶为'冷面草',皮光业以茶为'苦口师'"。之后,作者还引了唐人裴迪题茶泉之诗,其诗曰:

景陵西塔寺,踪迹尚空虚。

不独支公住，曾经陆羽居。

草堂荒产蛤，茶井冷生鱼。

一汲清泠水，高风味有余。

裴诗所咏，固是茶泉而非茶。但从诗中茶泉所具有的清与冷，的确也不难想见茶之一味与众不同的清泠品性。

纵然没有和美的口感，没有迎人的姿态，但"冷面""苦口"所凝萃的恰是不曲不阿、澄心敛神，那样一份峥嵘的头角。这也正是古之君子最为常见的特性，或者说品格。如此品格，无怪乎竟陵子性命与之，无怪乎千百世耽此不绝。

茶梦一则

古代文人笔下,依托于梦的文字还真不少,于是便有"蕉叶覆鹿""焦湖庙祝""黄粱一梦""南柯一梦""樱桃青衣"这些个常见的典故与成语,其文字的精彩程度足见一斑。而在这众多记梦的篇目中,元末文人杨维桢《煮茶梦》一文亦值关注,因为这是一则不多见的、关于茶的梦。

《煮茶梦》的开头是这样的:

铁龙道人卧石床,二更,月微明及纸帐,梅影亦及半窗,鹤孤立不鸣。命小云童汲白莲泉,燃槁湘竹,授以凌霄芽为饮供，道人乃游心太虚，雍雍凉凉，若鸿蒙，若星芒，会天地之未生，适阴阳之若亡，恍兮弗知入梦，遂坐于青圆银辉之堂。

夜至二更，月色未见喧哗，只得纸帐微微透进的那么一点清光。半窗梅影，鹤立不鸣，石床之上，不眠之余，居然忽生饮茶清兴，遂有吩咐小童烹茶之举。这猝然而起的茶兴也容不得半毫马虎——汲的是白莲泉，燃的是槁湘竹，烹的是凌霄芽，命的是小云童。身处于这静寂已极的环境当中，等候茶熟的片刻，不期然的一梦便翩然而至了。

初时，这一位并不知自己已然入梦，只是在恍惚中，来到了一个"青圆银辉"的堂上：

堂上香云帘拂地中，著紫桂榻、绿琼几，有《太初易》一集，集内悉星斗文，焕烨爓熠，金流玉错，莫别艾画，若烟云日月交丽乎青天，歘玉露凉目冷香冰入齿者。

此处显有着非同一般的繁华与幽阒——银辉成文，这是月光的幻化；青圆流香，则为佳茗之影迹。

而在这样的梦中，自然是有诗有歌，更有仙子登场。

歌已，光飚起林末，激华氛，郁郁霏霏，绚烂淫艳，乃有扈绿衣若仙子者，从容来谒，云名淡香，小字绿华……

这么一位绿衣披拂的仙子，简直就是茶精灵的化身——名淡香，字绿华，处处都印刻着特属于茶的动人。至于梦境中的林末光飚，还有那郁郁霏霏的景象，也无非都是对烹茶图景的摹写刻画。真个是：茶烟袅袅，梦中历历。

梦起无迹，梦尽，也是倏忽之间事——"移间，白云微销，绿衣化烟，月反明余内困，余亦悟矣，遂冥神合玄，目光尚隐于梅花间也，小云呼曰：'凌霄芽熟矣。'"没有更多的幻灭与感伤，这一梦便告终了。"白云微销，绿衣化烟",此八字真是韵极——是时间的腾挪,也道尽瀹茶一梦的缥缈。而且,这一梦来时节静极,终时节却分明有声——"凌霄芽熟矣",则与断喝何异?此处真可参禅。

显然,于此茶梦一则,可以品到清,触到静,味到幽;虽有声响,却销尽尘情。饮茶时造此一梦,也不啻为茶之大境界了——庶几近道也哉。瀹茶则入梦,循梦可知茶,信然?信然。

小窗幽茶

明代陈继儒《小窗幽记》，篇中每每及茶。则茶所指向的，显然也是一味清远，一色烟霞。其质苦，其韵幽，其神逸，可知矣。

谈"醒"之时，有茶厕焉。称其"名茶美酒，自有真味，好事者，投香物佐之，反以为佳。此与高人韵士，误堕尘网中何异"，又云"花棚石磴，小坐微醺，歌欲独，尤欲细，茗欲频，尤欲苦"，这样的笔墨，显然意欲在万丈俗尘的昏障中拨开一线，透进一丝亮光来。称其为一剂清凉散，倒也适宜。

谈"情"之时，亦见茶影——一如

"风阶拾叶,山人茶爨劳薪;月径聚花,素士吟坛绮席",再如"临风弄笛,栏杆上桂影一轮;扫雪烹茶,篱落边梅花数点。银烛轻弹,红妆笑倚,人堪惜,情更堪惜;困雨花心,垂阴柳耳,客堪怜,春亦堪怜"。此文字此情致,确实能令后之人咨嗟怨慕不已。谓之无情,可乎?

谈"素"之时,涉茶笔墨甚众,直可谓茶烟横肆。比如"琴觞自对,鹿豕为群,任彼世态之炎凉,从他人情之反覆。家居苦事物之扰,惟田舍园亭,别是一番活计。焚香煮茗,把酒吟诗,不许胸中生冰炭",此一段,便写出山野隐居之澹荡从容,尤其那副销尽名利奔竞的心肠。再有"客寓多风雨之怀,独禅林道院,转添几种生机。染翰挥毫,翻经问偈,肯教眼底逐风尘。茅斋独坐茶频煮,七碗后气爽神清;竹榻斜眠书漫抛,一枕余心闲梦稳",这一段,则让人清楚看到,没有风尘积蓄的眼底,可以有怎样神清气爽、梦稳心闲的客居生涯。此际，就连孤绝的状态，都变得丰盈饱满，教人想往倍生。

何谓"素"？不比其他，有时真是难于摹绘的。然而，当我们读到以下的字句时，定然倏忽间素心顿起。

白云在天，明月在地，焚香煮茗，阅偈翻经，俗念都捐，尘心顿洗。

编茅为屋，叠石为阶，何处风尘可到；据梧而吟，烹茶而话，此中幽兴偏长。

净几明窗，一轴画，一囊琴，一只鹤，一瓯茶，一炉香，一部法帖；小园幽径，几丛花，几群鸟，几区亭，几拳石，几池水，几片闲云。

和茶相关的日常，原来就是这般无须任何点染添加，如白云之在天，明月之在地，有幽兴，无尘心，自然而然，朗朗焕焕。是以，即便读到"翠竹碧松，高僧对弈；苍苔红叶，童子煎茶"这等鲜明的色泽，所触到的，也仍是纤毫不染的境地。素之生涯，正所谓"茅屋三间，木榻一枕，烧清香，啜苦茗，读数行书，懒倦便高卧松梧之下，或科头行吟，日常以苦茗代肉食，以松石代珍奇，以琴书代益友，以著述代功业，此亦乐事"是也。此中幽意，可谓盈盈一窗，俯仰皆是，却又有几人会得！

封号与神情

陶穀《清异录·荈茗录》中记了许多茶的别名。有意思的是，这些别名非侯即伯，甚至以仙、佛目之。茶的神情，在这些封号式的别名中，也就不难看出一二来。

这其中，有"不夜侯"。《荈茗录》记有：

> 胡峤《饮茶诗》有云："沾牙旧姓余甘氏，破睡当封不夜侯。"新奇哉！

就这两句诗来看，诗人对茶的基本特性已把握周全。这样的特性，延宕至今，依然存在，依旧是茶最为人津津乐道之处——一则回甘。茶能回甘，品即不俗。二为消乏破睡。这可说是茶于人群中最为显著的功效了。书窗难离此物，也大抵因此。

还有"晚甘侯"——

> 孙樵《送茶与焦刑部书》云："晚甘侯十五，人遣侍斋阁。此徒皆请雷而摘，拜水而和，盖建阳丹山碧水之乡，月涧云龛之品，慎勿贱用之。"

于此段文字中，旧时人所看重的显然是茶之青春秉性。就今天来看，绿茶依旧。古今一般无二的，则在"请雷而摘，拜水而和"八字。春天的茶，茶气如季节一般，充满生机，神情郁勃。而茶对于水的拣择，那也是一向如此。《红楼梦》中妙玉所说的旧年雨水与梅花上雪固然难辨，但一般泉水与自来水之别，却是分明已极的。水之佳者，在于自身的清冽与甘醇。好茶好水，一如好马好鞍，可以相得益彰，互相成就。是以，古往今来的茶人茶客，都愿意在水上多加措意，多下功夫。至于丹山碧水，月涧云龛，则是绘出了茶身上的那份清癯。如此气韵，不以公侯封号相礼拜，确实难以尽表衷心宝爱之情。

又见有"森伯"一号，其出处也妙：

> 汤悦有《森伯颂》，盖茶也，方饮而森然严乎齿牙；既久，四肢森然。二义一名。非熟夫汤瓯境界者，谁能目之！

茶饮之妙，其实正在这份森然的况味。初饮之时，森然之意系诸唇齿之间；久饮之后，这森然之意就去到了四肢乃至是每一个毛孔——这也正是卢仝所咏，饮至七碗之时，"唯觉两腋习习清风生"的况味！确实不是深谙个中机趣者，绝难拈出这么一个"森"字。

至于称仙、称佛者，则有"橄榄仙"和"鸡苏佛"，此二号也十分有趣，陶穀记道：

> 犹子彝，年十二岁。予读胡峤茶诗

爱其新奇，因令效法之。近晚成篇，有云："生凉好唤鸡苏佛，回味宜称橄榄仙。"然彝亦文词之有基址者也。

明人李日华在《紫桃轩杂缀》中对这两句诗有个解释——"鸡苏佛即薄荷，上口芳辣，橄榄久咀，回甘不尽，合此二者，庶得茶蕴"。

茶趣多矣。多识几个别名，多见几抹神情，也能够"庶得茶蕴"也。

余澹心《采茶记》

雨水一过，即是惊蛰；惊蛰一过，万物苏生。一切，开始在春风中奋力生长、迸发。茶树，自然也不例外。这个时候，如果你去到茶山，会看到山梁的绿意在不断涌出、漫生；如果你面对的是高大的古茶树，还会捕捉到一星星闪着光芒的新绿，在树冠上跃动、轻漾。于是很自然地，采茶的季节便在春风中宣告了它的到来。

清初余澹心写过《板桥杂记》，以南都北里的笙歌画舫怅惘着旧日时光的远离。他还写过一篇《采茶记》，详细记录了明清之交茶叶的采摘与制作。

这篇短文的字里行间，不但呈现了茶的发展变迁，也让人醉心于其间的宁静恬淡。这份宁静恬淡，是属于茶的，也是属于那些能够嗜之、癖之，有深情之人的。

据其所记，当日开始采茶的时间，明显比我们现在要晚：

> 立夏后十日开园，男女皆持筐沿采，旋采旋归，以便甑蒸。

虽然时间滞后了，但是"持筐沿采"的配备与动作，却与今天没有两样。采茶并不是件轻松的事，可是采茶的动作却有着别样的轻盈。<u>那在茶树上翻飞的指尖，总让人觉得那般欢快，似有音乐，在其间流淌腾挪。</u>

采完茶，自然就得制茶。余澹心《采茶记》所载制茶之法有蒸、揉、焙几种。其中：

> 蒸法：用涧水，将草子贮甑中，不移时，取出，倾竹䈜上揉之。其水频蒸

顿易，恐久则水色绿，而芳香不发矣。

揉法：三人阵立，人守一瓮，加竹莴于其上，以手轻揉，汁滴瓮中。俟叶绉软，方可上焙。

焙法：以土制爀，大可五、六尺，高可二、三尺，下攒炽炭，上横竹莴数层，次第受茶。后来者居下，火气透于上，而氤氲如非烟、如卿云，则茶功成矣。

读这样的文字，总难免恍惚。因为目下标榜"手造"的制茶之法，似乎并不曾见更多的区别。一样的竹莴，一样的轻揉，一样的烟火氤氲。多有减损的，大概只在前人制茶工序所有的那份仪式感——那样的庄严与清冽，是今天所罕见的。

《采茶记》还提到，明清之茶已不同于唐宋所有——特重片茶，而非团饼：

其最佳妙者为片茶。临采时取第二层、第三层用之，老则褪香，嫩则减味；将叶削其蒂而抽其茎，生揉上焙，用水湛瀡，不加蒸煮，以微黑而馨猛异常也。

就算是今天，很多人喝普洱亦是更喜散茶，无他，可观苍然之色，舒展之姿是也。大叶离披的苍绿之间，饮事亦同隐事，饮士遂为隐士。

文末，余澹心还叹道："即数十年以前，清卿韵士，水厄汤淫，亦止盛集于松萝天池，未见今所谓芥茶者。有之，自近代一僧始；而其精神品位，遂前无古，后无今矣。倘使卢、陆诸公见之，其癖嗜笃赏何如哉！"其实，就今日之茶论，亦不乏"前无古，后无今"之类。所以，趁时饮来，新火新茶，沉醉何如！隔千里千载，那一轮明月，总是堪共的；这一盏清茶，亦然。

最最遥远的路程

陆羽《茶经》一开篇，就谈到了茶树生长之地与茶叶品性的问题。他指出：茶树以野生的为佳，田园种植的为次；向阳山坡生长的为佳，背阴生长的为次。就茶叶本身来看，紫色为上选，绿色则次之；笋状的叶子最好，芽状的次之；叶片卷的最好，舒展的又次之。这样一些标准，同样适用于今天，特别是生长于云南的古树茶。如果有幸遇到野生的古茶树，生长在向阳山坡之上，其叶又呈露出淡淡的紫色，那样制出来的茶，不知要经历多少次罪过可惜的深叹，才消受得起。我总觉得茶的珍贵，其实正在相遇本身，在于那份可遇不可求的蓦然会心。不知道是什么样的机缘，才能够体味到那样一种阳光与岚霭的轻笼，才能够懂得在不变于时光的屹立中，都经历了怎样的星月交替。岩壑山林，是这个世界不断遗落、逐渐稀缺的诗意，而那么青青一盏，却可以在片刻间将其成功传递。这正是茶所独有的难得。

关于饮茶之事，陆羽也说过：

至若救渴，饮之以浆。蠲忧忿，饮之以酒。荡昏寐，饮之以茶。

可知茶之饮事总是和神情相关，和清相关。一盏下去，荡涤烦嚣，令胸臆澄明。所以陆羽才说，"茶之为用，味至寒；为饮，最宜精行俭德之人"。的确，倜傥之人，多倾心于酒，而沉潜之人，多醉心于茶。倾心于酒者，多擅与人群共处，醉心于茶者，多乐与自身晤谈。

不过，从生长岩壑到一盏清明在

握,与一盏好茶的相遇,同样要经历极其遥远与艰厄的路程。这也就是陆羽《茶经》中所说的"茶之九难":

茶有九难。一曰造,二曰别,三曰器,四曰火,五曰水,六曰炙,七曰末,八曰煮,九曰饮。

首先就制作而言,如果是在阴雨天气采摘,在夜间烘焙,这样做出的茶自然无法留存其上佳的风味。采茶的禁忌,在"其日有雨不采,晴有云不采"。一定要趁晴而采制,方才可谓得时。不过红茶的制作却与此有别。所以红茶也最适合阴雨天气喝来。其次,如果喝茶只知道通过嚼、尝、嗅来加以分辨品鉴,那也是不知茶的做法,同样堪称茶之一厄。至于用了膻腥的器具,更是辜负了茶的清芬。瀹茗之火,不能同于一般厨灶所用。沏茶之水,如若用了"飞湍壅潦",茶味也难佳。烤得不好,容易外熟内生。碾得不好,就成了碧粉缥尘。煮得不好,徒见各种慌乱匆忙，失掉了闲雅从容。而喝得不好，茶不免成了一种季节性的饮品，所谓"夏兴冬废"是也。由此看来，真正意义上的知重和懂得，那是何其的珍贵与难得。行走世间，人之相与固然如是，人与茶之相得，也不外如是。

胡德夫有一首歌唱得叫人心颤——"这是最最遥远的路程，来到最接近你的地方。这是最最遥远的路程，来到以前出发的地方。……这是最最遥远的路程，来到最最思念的地方"。我们与一盏好茶之间，一样要经历最最遥远的路程，一样，是为了去到最接近你的地方、以前出发的地方，还有，最最思念的地方。

张岱《斗茶檄》

张岱《陶庵梦忆》卷八有一篇题为《露兄》的妙文，喝茶的时候读，最是相宜。其文曰：

崇祯癸酉，有好事者开茶馆，泉实玉带，茶实兰雪，汤以旋煮无老汤，器以时涤无秽器，其火候、汤候，亦时有天合之者。余喜之，名其馆曰"露兄"，取米颠"茶甘露有兄"句也。为之作《斗茶檄》曰："水淫茶癖，爰有古风；瑞草雪芽，素称越绝。特以烹煮非法，向来葛灶生尘；更兼赏鉴无人，致使羽《经》积蠹。迩者择有胜地，复举汤盟，水符递自羽泉，茗战争来兰雪。瓜子炒豆，何须瑞草桥边；橘柚查梨，出自仲山围内。八功德水，无过甘滑香洁清凉；七家常事，不管柴米油盐酱醋。一日何可少此，子猷竹庶可齐名；七碗吃不得了，卢仝茶不算知味。一壶挥麈，用畅清谈；半榻焚香，共期白醉。"

一个开茶馆的人，不但讲求茶的品质，还讲求水的出处，而且用的恰好是张岱曾于他处赞美过的泉水——"空灵不及禊而清冽过之"。这就不是一般的好事者，而是有着明显痴性的爱茶之人。所以，张岱才会赐予其馆"露兄"之雅号，并作《斗茶檄》一则与之。由此，也易知此间喝到的茶，绝无凡品、俗品。

而细读此《斗茶檄》一篇，张岱关于茶的体认也可略窥一二。痴迷，当然是最为首要的。所以，文章首及"水淫茶癖"之称。能够淫于水，癖于茶，其痴迷程度便不难想见了。正是因为十分讲求水的品质，才会提到"八功德水"。所谓八功德水,本佛教语,说的是西方极乐世界浴池中具有八种功德之水。八种功德具体指:一甘、二冷、三软、四轻、五清净、六不臭、七不损喉、八不伤腹。《无量寿经》卷上就有:"八功德水湛然盈满,清净香洁,味如甘露。"若沏茶之水,果能味如甘露,香洁清凉,所有嗜茶之人,定会性命与之。

也唯有深癖于茶,才会"不管柴米油盐酱醋",把日常俗物都抛开不论,只求一味耽溺。文中提到的"七家常事",就是我们通常说的俗谚,也是元杂剧中习见的上场诗句——"早晨起来七件事,柴米油盐酱醋茶"。其他都可不论,却一日不可无茶,这份痴性,一如《世说新语·任诞篇》中记载的王子猷:

王子猷尝暂寄人空宅住,便令种竹。或问:"暂住何烦尔?"王啸咏良久,直指竹曰:"何可一日无此君?"

况且，不但是不可一日无茶，真正喝起茶来，也绝不会像卢仝，七碗就抵达终点。文中所道"卢仝茶不算知味"，还真是堪称知言。

至于"白醉"，则是本于《清异录》的一个小故事。唐代开元时，有一位高太素隐于深山，建了六座逍遥馆，每馆各制一篇铭文。第三馆名为"冬日初出"，其铭文则为：

折胶堕指，梦想负背。金锣腾空，映檐白醉。

映檐白醉，此四字绝佳。后来之人，有人以"白醉"名阁，而在张岱笔下，这又成了一种喝茶的境界。丽日风和，映檐白醉，一切况味，尽在一盏茗色当中。如此喝茶，还真是不醉都难。

羔儿无分谩煎茶

夏天是个痛快的季节。没有那么些萧瑟肃杀，也没有那许多缠绵轻婉，所以最适合夏天阅读的，当然就是痛快文章。以词论，以稼轩最宜此季。因为稼轩的词，就和这夏天一样，总有着不容分说的势头，排山倒海而来。其词中写及茶处，也是快意大于清冽闲雅。读之，总是令人不免击节称快，为之俯仰，更为之叫绝。

这样的茶，喝出的就不是小窗幽意，而是天地江湖间之行止栖迟，裛一鞭江风海色，尽一盏青襟浩荡。

稼轩集中，及茶的词作不在少数。

其中有两首咏雪的词,都写到了茶。一首,是《满江红·和廓之雪》。廓之,是辛弃疾的门生范开,这首词便是辛稼轩与其门生的唱和之作。词曰:

天上飞琼,毕竟向、人间情薄。还又跨、玉龙归去,万花摇落。云破林梢添远岫,月临屋角分层阁。记少年、骏马走韩卢,掀东郭。　　吟冻雁,嘲饥鹊。人已老,欢犹昨。对琼瑶满地,与君酬酢。最爱霏霏迷远近,却收扰扰还寥廓。待羔儿、酒罢又烹茶,扬州鹤。

不难看到,及茶的字句,正在词的下片。这里用到了一个与陶穀相关的典故。这个典故,见诸苏轼《赵成伯家有姝丽吟春雪谨依元韵》诗之自注,语称:

世传陶穀学士买得党太尉家故妓,遇雪,陶取雪水烹团茶,谓妓曰:"党家应不识此。"妓曰:"彼粗人,安有此景,但能于销金暖帐下浅斟低唱,吃羊羔儿酒耳。"陶默然，愧其言。

虽然陶学士那份沾沾自喜的优越感在党妓话语中的富贵气象前惨遭瓦解，不过，雪水烹茶却也成了某种风雅生活的象征，同时还是咏雪时最为常用的典故之一。只是，辛稼轩的用法与常俗有异。"待羔儿、酒罢又烹茶，扬州鹤"，此数语中，茶酒之并行不悖可见，再加上一声断喝似的"扬州鹤"，生涯餍足之情可知，豪宕之气更是凌厉而来。

另一首《上西平·会稽秋风亭观雪》，同样是咏雪之作，也用到了所谓党姬烹雪之典。词曰：

九衢中，杯逐马，带随车。问谁解、爱惜琼华。何如竹外，静听窣窣蟹行沙。自怜是，海山头、种玉人家。　纷如斗，娇如舞，才整整，又斜斜。要图画，还我渔蓑。冻吟应笑，羔儿无分谩煎茶。起来极目，向弥茫、数尽归鸦。

上一首茶酒不废，突出的不是富贵而是快意。这一首虽然无分富贵，却也并不妨害煎茶之淋漓酣畅。虽冻吟，亦笑煞，无分酒，便煎茶，这就是豪杰之士方能拥有的襟抱与生涯。

夏日读咏雪之词，本来就可平添一分清凉。更何况，扑面而来的俱是这等爽利之气。一时间俗尘尽洗，肝胆顿作冰雪。销金帐中的羔儿酒，不必唾弃也不必艳羡。有，固然是乐事一桩，无，也依然能煎茶自笑。此等从容，方足以支撑尘世间的洒脱与澹荡。而无论酒罢分茶，还是冻吟煎茶，如此字句与神情，真是叫人展卷而生无尽慕尚、无尽浮想。

徐文长《煎茶七类》

明人徐渭撰有《煎茶七类》一种,题下即称:"旧编茶类似冗,稍改定之。"其所列七类倒是果真不繁,也颇有些不俗之处。现下喝茶,虽然不复"煎茶"的方式,不过以青藤所列,作为"对茶"之要,倒也可以免些俗态,多些会意与懂得。

一人品

煎茶虽微清小雅,然要须其人与茶品相得,故其法每传于高流大隐、云霞泉石之辈,鱼虾麋鹿之俦。

煎茶一事，徐文长首重人品，此举甚当。是其人，非其茶，是人之不幸；是其茶，非其人，又是茶之不幸。"相得"二字，最是不易。这一段中，"微清小雅"四字最韵，深得我心。喝茶，的确就是此等微清小雅之事。固然是无甚俗态，却也不至对红尘全然摒弃。有点人间烟火的意思，这茶气兴许来得更为充足。所以，一定要高流大隐、云霞泉石之辈方才足以传得其法？我看倒是未必。有点不俗的意态，其实也就当得起这微清小雅的神情了。

二品泉

山水为上，江水次之，井水又次之。井贵汲多，又贵旋汲，汲多水活，味倍清新；汲久贮陈，味减鲜冽。

这样一个喝水的序列，今天恐怕是很难去效仿了。不过，山泉泡茶，那的确是一桩可遇不可求的妙事。故而沦茶之水，有条件的话，也还是需要讲究一下的。

三 烹点

用活火,候汤眼鳞鳞起,沫浡鼓泛,投茗器中。初入汤少许,俟汤茗相浃,却复满注。顷间,云脚渐开,乳花浮面,味奏,奏全功矣。盖古茶用碾屑团饼,味则易出;今叶茶是尚,骤则味亏,过熟则味昏底滞。

由"今叶茶是尚"一句,显然明人喝的茶,和今天我们喝的茶已是大同小异。所以,今天的茶如果用来煎煮的话,同样不能太急,太急茶味出不来,另外也不能太慢,太慢茶味就会过于昏浊。

四 尝茶

先涤漱,既乃徐啜,甘津潮舌,孤清自萦。设杂以他果,香味俱夺。

尝茶之前需要先漱口,这个讲究很是必要。特别是在换茶的时候,茶盏一定要洗。这样方才能够不夺茶味。不夺，方能品出每种茶叶最本真的滋味。

五茶宜

凉台静室，明窗曲几，僧寮道院，松风竹月；晏坐行吟，清谈把卷。

既然茶为微清小雅，那么与之相宜的环境动作，也应当具有微清小雅的特质。除却上面所列，似乎还应该有山阁雨檐，雪夜江舟，灯下炉前。

六茶侣

翰卿墨客，缁流羽士，逸老散人，或轩冕之徒超然世味者。

能够与之一起喝茶的人，身份为何大可不必拘泥，是否超然世味倒是真需要计较一番。否则的话，一喝便俗。一堆俗人聚首本来也没什么打紧，唐突了好茶，那就罪过不该了。

七茶勋

除烦雪滞，涤醒破睡，谈渴书倦，此际策勋，不减凌烟。

徐文长此处所列茶之勋业，条条在理，果然是不世的功勋。以凌烟阁目之，全无不妥。除烦雪滞，可见茶之清心；涤醒破睡，又知茶之醒神；谈渴书倦，则是茶之解人。是以对茶，如对良友，能清能醒，能解能慰。如此，自当终日相对，片刻不离。

暂

同杯茗

茶与人品

明人屠隆《考槃馀事》有一则谈到茶与人品的文字：

茶之为饮，最宜精行修德之人。兼以白石清泉，烹煮如法，不时废而或兴，能熟习而深味，神融心醉，觉与醍醐甘露抗衡，斯善赏鉴者矣。使佳茗而饮非其人，犹汲泉以灌蒿莱，罪莫大焉。有其人而未识其趣，一吸而尽，不暇辨味，俗莫甚焉。司马温公与苏子瞻嗜茶墨，公云："茶与墨正相反，茶欲白，墨欲黑，茶欲重，墨欲轻，茶欲新，墨欲陈。"苏曰："奇茶妙墨，俱香。"公以为然。

言下，则司马光与苏轼俱为善赏鉴者矣。二子以茶墨并举而论，倒也颇韵。尤其"茶欲重，墨欲轻"一句，大约只有深谙其事者，方可会得其中之妙。

这种对于茶客品性的诉求，与明初朱权可谓一脉相承。朱权曾道："然而啜茶大忌白丁，故山谷曰：'著茶须是吃茶人。'"在朱权眼中，最为理想的茶客，则非卢仝、苏轼莫属，而他自己，亦是能够穿越时光，与其抵掌会心之人——"卢仝吃七碗，老苏不禁三碗，予以一瓯，足可通仙灵矣。使二老有知，亦为之大笑。其他闻之，莫不谓之迂阔。"有如此之客，方能饮如此之茶。如此饮来，方是臞仙所谓：

凡鸾俦鹤侣，骚人羽客，皆能志绝尘境，栖神物外，不伍于世流，不污于时俗。或会于泉石之间，或处于松竹之下，或对皓月清风，或坐明窗静牖，乃与客清谈款话，探虚玄而参造化，清心神而出尘表。

平心而论，茶之为饮，不见得"最宜精行修德之人"，也不一定非得"云海餐霞服日之士"。不过，饮茶时必须荡尽尘氛、销尽尘情，最忌附庸风雅、盲目追攀，这倒是一定的。是以，茶之为饮，最宜的，还是那等旷然天真之辈。

确实，只有旷然天真之人，才能够破除在在的光景，真正感受茶的好处，写出"一碗喉吻润，两碗破孤闷"这样的字句。于是，无怪乎那些"吃茶汉"们，总是将东坡视作最理想的座上之客。和东坡一并汲江煎茶，或许才能真正做到"清心神而出尘表"——"大瓢贮月归春瓮，小杓分江入夜瓶。雪乳已翻煎处脚，松风忽作泻时声。枯肠未易禁三碗，坐听荒城长短更"。

故而，吃茶一事，倒不见得一定要在那瓦屋纸窗之下，一定要用素雅的陶瓷茶具，但却一定不能对着俗尘杂沓，众声喧哗。佳茗只合对佳人，信哉斯言。

莫言释子家风,真是道人受用

提及茶,人们每每都会想到"吃茶去",以及"赵州茶"。很显然,茶已然成为一种禅意十足的饮品,与参禅修行之事紧密相关。茶禅一味,甚至成了某种约定俗成,甚至是格套式的表达。

实际上,茶之一味,不仅与禅相关,其与道教之间的关联也同样密切。不妨说,除却空寂清净,茶之一味,亦可见天机泠然。

《道藏》中有《鸣鹤余音》一部,其卷九即收有《茶文》一篇:

> 伏闻一声雷震,吐群品之芬芳。凤

饼龙团，表至真之异物。阴阳滋秀，天地氤氲，禀四时之正气，夺五行之清味。先春园内，生成片玉之珍；瑞雪岩前，造化灵芽之蕊。

玉人采得，妙用依时。金槽碾处，香来扑鼻；石鼎烹开，琼花浪跃。卢仝七碗，洗除六欲之昏迷；赵老三杯，涤尽众生之梦寐。

爱之者，精神爽异；悟之者，心地清凉。莫言释子家风，真是道人受用。聊得一味普施，众人得意归来。

伏惟珍重。

是则《茶文》，将茶与阴阳五行相关联，是典型的道教笔法。而石鼎、琼花数种，也堪称面目分明的道教意象。一气读下，清泠满纸，不需七碗三杯，已是大梦得觉，玄鉴涤尽。至以天地氤氲，至真异物相称，"道人受用"之得意更表露无遗。

实际上，道教中人不但爱茶，而且爱咏茶。"全真七子"之一的马丹阳，其《渐悟集》中，就有数篇题茶之词。

最值注意的，是两阕《长思仙·茶》：

  一枪茶，二旗茶，休献机心名利家。无眠为作差。 无为茶，自然茶，天赐休心与道家。无眠功行加。

  紫芝汤，紫芝汤，一遍煎时一遍香。一杯万事忘。 神砂汤，神砂汤，服罢主宾分两厢。携云现玉皇。

  在这两首词中，茶显然已不复只是简单的受用之物，反而成了道教中人修行加功的利器，以及速抵神仙境界的修真法宝。众所周知，"消磨睡思"即为茶的一项显著功效；赖此"拨雪黄芽傲睡仙"，自然少了耽溺，增了修行。可见，道教与茶之间，确实有着某种天然的牵系。加之，茶虽然长成枪旗之态，却毫无争竞之心，纯然一团清意——事无为，任自然。所以，饮茶之时，自是休尽机心；把盏之际，更利增进功行。

  展眼之间，夏至已至，清凉渐成往事。而在燠热的不耐中，伴以清茶一缶，再读些关茶涉道的字句，似乎也就不难赢得些许爽异与清凉——既是释子家风，也是道人受用；果然一味普施，何辞得意归来。

何处难忘茶

白居易有《何处难忘酒》七首，着力敷演酒与人生的那份牵系缠绕。读文徵明的诗，同样易生"此时无一盏，何以叙平生"的感叹，只不过，此时的盏中之物，非酒而是茶。文徵明诗中，可谓颇及茶事。一一看去，则色色光景，无论人事情境、季候辰光，皆萦绕于茶之一味。不妨说，白香山在处，自然"何处难忘酒"，文衡山行处，却称得上"何处难忘茶"。

春来时节，自难忘茶。然而当此"迎春春欲至，风雨暮交加"时，凛冬尚有余威，春信仍欠分明，立于这等凄楚横斜的黄昏,即便惟有一室寂寥,却也仍见诗人"风檐自煮茶"。如此情状,便是何等澹荡潇洒、自在从容。

春归时节,亦不忘茶。《暮春斋居即事三首》其一即云:

> 经旬寡人事,踪迹小窗前。
> 暝色连残雨,春寒宿野烟。
> 茗杯眠起味,书卷静中缘。
> 零落梅枝瘦,风吹更可怜。

听雨而眠,眠起味茗,安静与慵懒,就这样氤氲在字里行间。如此踪迹,还真是令人不得不油然而生羡意。

至夏,同样时时有茶。茶的存在,点染着初夏的清新,也荡涤着夏日难耐的烦嚣。写及初夏茶事,衡山诗中常见这样的表达:

> 方床睡起茶烟细,矮纸诗成小草斜。
> (《初夏次韵答石田先生》)
> 小窗团扇春寒尽,竹榻茶杯午困醒。
> (《初夏遣兴》)

如此打开的夏日，自是格外清幽可人，生机逼人。真如有一窗幽绿，不期然就悬于目前。

当然，所谓何处难忘茶，也不单单系诸季候。怀人之时，即见茶之影迹，"扫地静闻墙外履，煮冰空试箧中茶"；斋居之时，同样有茶，"纸窗猎猎风生竹，土盎浮浮火宿茶""炉香欲歇茶杯覆，咏得梅花苦未工"；就连病中，茶也在侧，"恻恻心寒病起时，茗杯诗卷自支离""病亲笔砚偿闲债，贫有茶香适淡欢"。

于是，论交及茶，"风神凝远玉无瑕，十载论交似饮茶""不及山僧有真识，灯前一啜愧相知"；留客以茶，"留人野饭新挑菜，乞火邻墙旋煮茶"；清谈思茶，"寒夜清谈思雪乳，小炉活火煮溪冰"；甚至待月之时，也频见煎茶之举，"青箬小壶冰共裹，寒灯新茗月同煎""石井裹茶虚夜月，洞庭落日见秋山"。似乎人生行处，直是片刻不曾忘茶。

何处难忘酒,叫人感于其洒落不羁之余,也不免低回于心中那份隐隐可见的郁结。何处难忘茶,则分明是那么一种淡淡的欢洽,于一榻茶烟之中,勾勒出幽抱澄怀的轮廓,令得尘境中之行走自然添设了一笔清深、一室静谧。是以,其最显著之功效,即如文衡山自己所写,乃是:

松根自汲山泉煮,一洗诗肠万斛泥。

茶酒之间

清人张潮《幽梦影》言及茶与酒，曾云"酒可以当茶，茶不可以当酒"，此二语甚妙。窃以为，酒之可以当茶，在于茶可以清可以幽可以狂放，酒亦能之；茶不可以当酒，则在同为饮事，人之趋酒，纯取一醉，转而趋茶，却为一醒，醒人者固难替醉人者也。与此相类，《幽梦影》中又见：

春风如酒，夏风如茗，秋风如烟，冬风如姜芥。

依此，则酒之令人沉醉，确如春风一般；茶之使人气爽神清，则如夏日之凉风习习。

后来，弇山草衣所著《幽梦续影》，也有茶酒之论。其文亦韵：

真嗜酒者气雄，真嗜茶者神清，真嗜笋者骨臞，真嗜菜根者志远。

放眼市廛，好酒好茶之辈可谓在在皆是，然而未必气雄，亦未必神清，关键就在一个"真"上——乐于起坐喧哗觥筹交错者，显非真嗜酒；镇日品茶辨味标榜风雅辈，也非真嗜茶。不具痴性，总在依傍瞻顾之间，又如何能够真得起来？

晚明陈继儒《小窗幽记》中关乎茶酒之间的笔墨，或许正是以上二种的源头所在。

《小窗幽记》之论茶酒，有直言茶酒之异的，比如"好茶用以涤烦，好酒用以消忧"，还有"酒令人远，茶令人爽"，这都是围绕效用来谈，可与上之"酒可以当茶，茶不可以当酒"对看。而在关于茶酒之异的议论中，有一段文字至为齐备，可谓"高度概括"者。其文曰：

热汤如沸，茶不胜酒；幽韵如云，酒不胜茶。茶类隐，酒类侠；酒固道广，茶亦德素。

的确，酒与万丈红尘之间，总是呈现出更多的热切与亲近，周身滚烫的人间烟火。而茶，却是一味地远离与规避，它更多地隶属于深山白云、茅舍烟霞。所以，得酒之神情者，往往具侠士肝肠；与茶同一气韵者，从来共隐者素履。酒，总能召唤起那么一丝真，并共之佻达放旷；而茶之能事，恰在将"真"沉淀蕴藏，成就素抱幽怀。二者并无高下，却俨然两径。

不过，这俨然的两径，也常常指向同样的方向。《小窗幽记》一书，除论茶酒之相异，也时常言及茶酒之相近。于眉公笔下，茶与酒所勾勒的人生，就是与凡俗生涯相对的理想境地。且看：

云水中载酒，松篁里煎茶，岂必銮坡侍宴……

……冬夜宜茗战，宜酌酒说《三国》《水浒》《金瓶梅》诸集，宜箸竹肉,以破孤岑。

……松花酿酒,春水煎茶,甘心藏拙,不复问人世兴衰。

自然,果能如此这般偕茶侣酒,了却浮生,才真正称得上所谓"气夺山川,色结烟霞"。

绿尘愁草春江色

唐诗人温庭筠集中,有一首《西陵道士茶歌》,其诗曰:

乳窦溅溅通石脉,绿尘愁草春江色。
涧花入井水味香,山月当人松影直。
仙翁白扇霜乌翎,拂坛夜读《黄庭经》。
疏香皓齿有余味,更觉鹤心通杳冥。

这一首诗,设色立意可说非比寻常,置诸古今咏茶诗作当中,都称得上是极为别致的一篇。

咏茶之作,诗人却先从烹茶之水写起。"乳窦",是泉眼的意思。鲍照有句:"乳窦夜涓滴。"元结也写过:

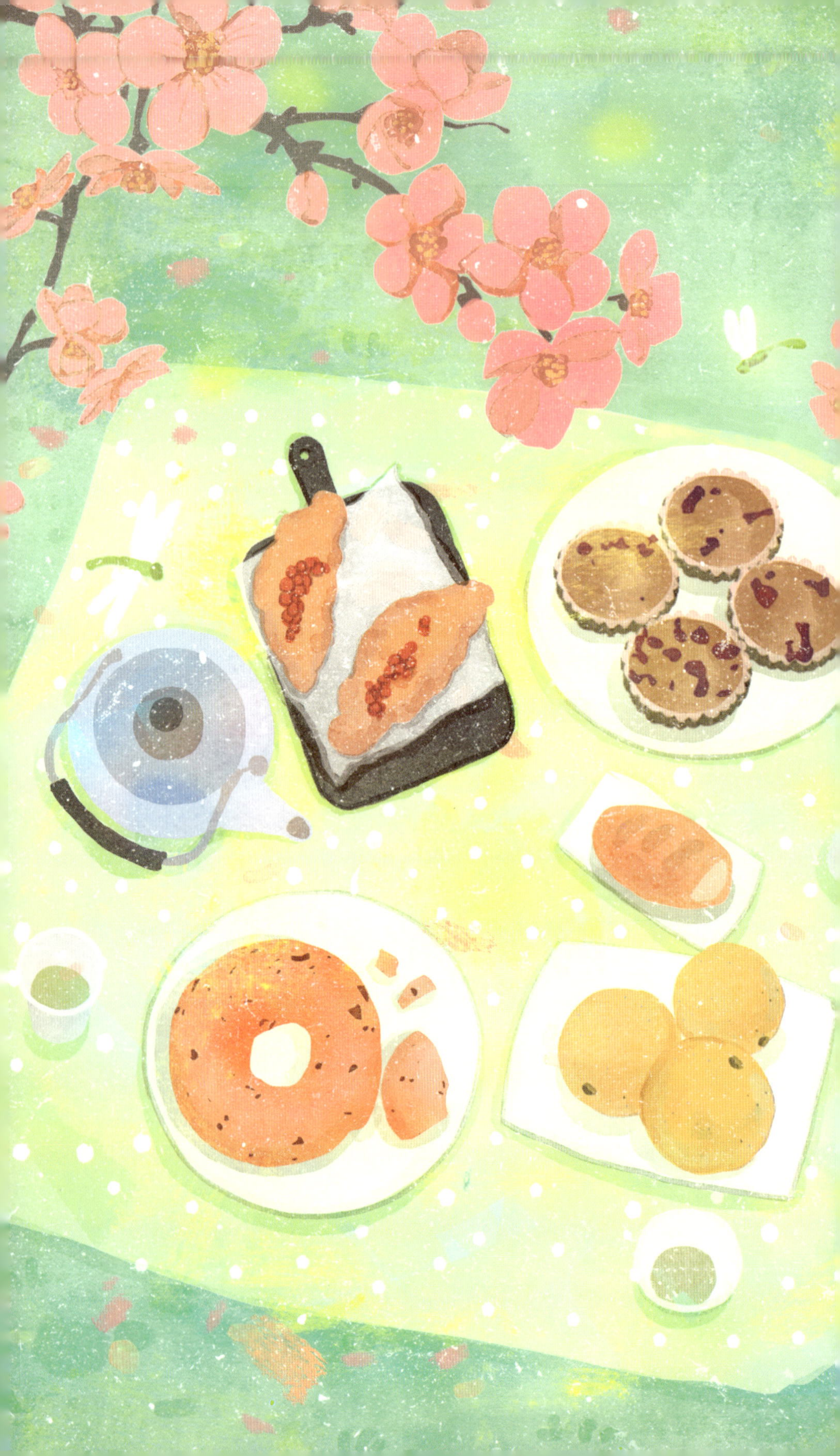

"山间乳窦流清泉。""溅溅",描绘的是泉水疾流的状貌。"石脉",指的又是石头的缝罅之间。很显然,这一句即告诉读者:烹茶之水,乃取自山石缝罅间疾流的泉眼。而在一派水花飞溅、玎玹作响中开篇,其清与幽已跃出纸上。不但水有清幽之性,饮茶之人、饮茶之境,亦都不难知晓。

"绿尘愁草春江色",一笔陡转,直接咏茶。这一句,真可谓妙绝千古。"绿尘",是指茶叶研成的细粉。着一"绿"字,颜色可见,其间的生机、欣悦,也都可见。"愁草",仍然是在写茶,用一"愁"字,就带出了无尽情味,令人含咀。再来一个"春江色",整篇光色就一时混漾起来。擎一碗茶汤,便是一带碧如天的春江在手,其颜色之澄鲜青碧,其襟怀之佚荡冲豁,尽在不言。

其后两句,就字面而言,笔锋似又从茶转开。首句,直陈水之香。香到何等样的程度?直如"涧花入井"一般,以此,则其香之沁人心脾便不难想见。同时,是"涧花"而非其他,"涧"的属性一定,深幽的特性更见分明。而"涧花入井"这样的形容,自然也写出了此种水香别具的一味明媚。烹茶之水如此,所烹之茶便也不在话下了。一饮之下,定然满口余香,既清洌沁人,又深幽动人,更明媚怡人。篇末所云"疏香皓齿有余味",便正是对这出尘清香的再度呼应。

次句,所写则是饮境之幽。"山月当人松影直",一月悬空,山间朗照,清光无限,纤毫照彻,松影离离,瘦直峭立。如许空寂,如许澄明,如许幽閴。在这样的境况下饮茶,饮下的又何止是茶,而应是这皓白无尘的月夜、静默澄寂的山林。是以,看似不及茶的这一句,却依旧意在刻画茶之深味。这正是诗人运笔不落流俗之处。倘若这个时候,修道之人再手执一柄羽扇,拂坛夜读一卷道教经典,则道心自当澄明于夜色茶饮之间,冥通古今万象,直至高远无际的浩渺天空。

　　置身黄尘障目的世间,就算并非修道之人,却也可以在把盏斟饮之间,细味"绿尘愁草春江色"之韵致,一洗俗羁,略慰情肠。

豪杰与茶

《小窗幽记》有云:"怪小人之颠倒豪杰,不知惯颠倒方为小人;惜吾辈之受世折磨,不知惟折磨乃见吾辈。"写尽豪杰磨折颠倒之书,非《水浒》莫属。是以金圣叹读之感喟:"若一百八人而无其人也,则是为此书者之设言也。为此书者,吾则不知其胸中有何等冤苦而为如此设言。"

以往读《水浒》,总觉所谓豪杰,无非系之于酒。那些酒楼上的酣畅,酒店里的私语,"成瓮吃酒,大块吃肉"的豪宕,三杯两盏,虹吸鲸吞,饮彻愤懑,浇遍不平。多年后再读,却发现其间怀抱事又何止于酒。书中那些不甚分明、关乎茶的点滴,也足见一众豪杰之颠倒与磨折,以及江湖风云之诡谲与斑斓。

像是写及鲁智深之落发五台山,那盏茶就冷淡之至,吃来叫人气结。先是赵员外起身言语——"今有这个表弟,姓鲁名达,军汉出身。因见尘世艰辛,情愿弃俗出家,万望长老收录。慈悲,慈悲!看赵某薄面,披剃为僧。一应所用,弟子自当准备。烦望长老玉成。幸甚",再是真长老答语——"这个是缘事,光辉老僧山门。容易,容易!且请拜茶",然后,即有"行童托出茶来""真长老与赵员外众人茶罢,收了盏托。真长老便唤首座、维那,商议剃度这人"。尽管笔墨间波澜不惊,但鲁提辖默立赵员外肩下,哀恳收留、听凭处置的这一盏茶,真是将世上英雄屈折殆尽。尘世之艰辛果见,豪杰之诸般无奈,又何用多言。

再如林冲被陆虞候算计,也有一盏

茶厕身其间。小说首先交代陆虞候已和高俅商定了计策——"只要衙内欢喜，却顾不得朋友交情"，再写二人如常的叙话吃茶：

且说林冲连日闷闷不已，懒上街去。巳牌时，听得门首有人叫道："教头在家么？"林冲出来看时，却是陆虞候。慌忙道："陆兄何来？"陆谦道："特来探望。兄何故连日街前不见？"林冲道："心里闷，不曾出去。"陆谦道："我同兄长去吃三杯解闷。"林冲道："少坐，拜茶。"两个吃了茶起身。

构陷朋友，竟能这般不动声色、冷静从容！茶中折射的人情，其可怖可畏，着实令人惊心！

而燕青、宋江一干人，去到李师师门首，那番拜茶、饮茶故事，又写得热闹之极：

宋江、柴进居左，客席而坐，李师师右边，主位相陪。奶子捧茶至，李师师亲手与宋江、柴进、戴宗、燕青换盏。不必说那盏茶的香味，细欺雀舌，香胜龙涎。

　　字句间，似有些旖旎的况味。然而细思一过，唯觉悲凉愤恨——豪杰失路至斯，尚不如一妓者得时！众人意欲达成心中所想，尚要借此非常手段，其内心之折辱可谓历历分明。

　　读《水浒》之时，痛快易生——毕竟是江湖聚义，快意恩仇，好一个腾挪跌宕的世间；却也不无辗转低回——那些豪杰内心之不平，遭际之堪伤，就连一盏本该云淡风轻的茶，都水涌山叠起来。读之，又焉能不扼腕叹息！

茶烟袅袅

周亮工所辑《尺牍新钞》,选了宋懋澄所作多篇,其中一则《简周先生》,写得最为清隽幽阒。其文曰:

深院凉月,偏亭微波。茶烟小结,墨花粉吐。梧桐萧萧,与千秋俱下。

院乃深院,月是凉月;亭为偏亭,水有微波。这样的所在,除了出尘的幽深静谧,再无其他。其间袅袅升起,缠绕微结的茶烟,以及略事点染的些许墨痕,带出了与这景况有着相同气韵的人的存在。立于此间,对着如此风色,其人之怀抱自然可见——与千秋俱下的,又何止是萧萧梧桐！那份邈远与夐绝，既见深幽，更见超然。而在这一脉清远冷隽中，"茶烟小结"四字，闪现着最为分明的人间情味，有着特殊的温暖色调。

茶烟，即烹茶之烟，它不似焚香之烟，有着那般浓炽的风情。茶烟之腾跃袅娜，恰在有无之间；所呈露的人间情味，清极也淡极。映照出的，正是四下里那份无法言说的澄寂空明。是以茶烟的发生，总是和清幽之境系在一起，尤以山寺禅院为多。刘禹锡《秋日过鸿举法师寺院便送归江陵》一首，即提及茶烟：

> 看画长廊遍，寻僧一径幽。
> 小池兼鹤净，古木带蝉秋。
> 客至茶烟起，禽归讲席收。
> 浮杯明日去，相望水悠悠。

这一首诗，可谓用尽了与幽阒相关的意象，来极写寺僧、寺院之出于世尘。小池与鹤，古木与蝉，都是这般。

而客与茶烟的到来,表面上看,写的似乎是寺之立于人境,展露出与人的相亲;可深味一层,其所点染的,仍然是寺之所在、寺中之人,所具有的那一味幽清气韵。就在茶烟的缓缓升起、袅袅腾开中,俗尘的万千烦恼,似都已荡涤开去,不存挂碍了。

同样是写寺院和茶烟,来至杜牧笔下,情致却变得有几分异样起来——不复是一味清深,而是漾出些许旖旎、几分妩媚来:

题禅院

觥船一棹百分空,十岁青春不负公。
今日鬓丝禅榻畔,茶烟轻飏落花风。

诗歌之行进,乃是在对照中结篇。"觥船"与"十岁",让我们看到了诗人往昔的任诞不羁;而"今日"和"茶烟",既勾勒出与禅院的偶然际会,更在不经意中,道出了一份全然不同的沉静凝神。"茶烟轻飏落花风",这一句明媚已极，写出了落花风色中的茶烟袅袅——不但深幽，而且恬美；同时又十分深长，令人含咀不尽，只因这句中春风落花不牵愁绪，轻扬茶烟不动声色，自然呈现出一派澹荡从容、悠然淡然。

汤显祖《牡丹亭记》有这么两句曲词令人印象深刻——"袅晴丝吹来闲庭院，摇漾春如线"。实际上，处在若有若无之间的茶烟，一样有此效果。深院凉月之境，山寺古木之间，落花幽石之侧，倘有烹茶之事，任茶烟兀自扬起，与月相辉，与花相映，一样是：袅茶烟吹来深庭院，摇漾清无限。此间把盏，其乐何极！

一缕茶烟透碧纱

纳兰性德《饮水词》中,有一首《采桑子》,被陈廷焯称为"凄艳入神":

冷香萦遍红桥梦,梦觉城笳。月上桃花。雨歇春寒燕子家。　箜篌别后谁能鼓,肠断天涯。暗损韶华。一缕茶烟透碧纱。

词人笔底溢出的,确乎就是这么一个光色斑斓、情思缠绕的春天。可以说,横波处,处处明艳;敛眉时,时时凄然。果如陈廷焯所论,上片凄艳,而下片则是凄绝。尤其最末一句,那茶烟轻轻漾出，真是平添无尽的幽意。开篇冷香红桥所构建的那点实在的旖旎，似乎都随着这茶烟一缕，消散无迹。

纳兰性德笔下有关茶的词句不少，最脍炙人口的，当然要数那首《浣溪沙》：

> 谁念西风独自凉，萧萧黄叶闭疏窗，沉思往事立残阳。　被酒莫惊春睡重，赌书消得泼茶香，当时只道是寻常。

该词笔调明快，叹惋却尤为深长。尤其赌书泼茶，用李清照、赵明诚之典，则词人之怀抱因何而起，不言而喻——真如况周颐所说，"酒中茶半，前事伶俜，皆梦痕耳"。

赌书泼茶之典，见诸李清照《金石录后序》：

> 余性偶强记，每饭罢，坐归来堂烹茶，指堆积书史，言某事在某书某卷第几叶第几行，以中否角胜负，为饮茶先后。中即举杯大笑，至茶倾覆怀中，反

不得饮而起。

自此之后，赌书与泼茶，就成了形容夫妇情深的著名典故。

纳兰之词，最动人者莫过那些悼亡的篇章。除却《浣溪沙》一首，其余诸词，亦屡见茶的影迹。比如，《金缕曲·生怕芳樽满》当中就写有："忆絮语，纵横茗碗。"还有《沁园春·代悼亡》，其中也道："最忆相看，娇讹道字，手剪银灯自泼茶。"追怀无尽，情肠百结，读之亦叫人备感摧折。

有时勾勒一个秋天的夜晚，茶也成了其中的元素之一——"转忆当年，消受尽，皓腕红荑，嫣然一顾。如今何事，向禅榻茶烟，怕歌愁舞。玉粟寒生，且领略、月明清露。叹此际凄凉，何必更、满城风雨。"茶与情愁的那份牵系，确实不须多费言词。

茶之一物，于人世之林林总总看来，实在不过是寻常一物——日常消渴，市肆聚谈，随处可见，俯仰可得。

然而茶之一味，却又有着太多不同寻常的地方。它的清与幽，可助吾辈销尽尘俗；苦与涩，饮之足味红尘之种种浮沉；再加之那特殊的醇与厚，又辉映着人世间的万千情味。

这个世代，方文山为周杰伦填写的那首《天涯过客》，大抵，就是悟到了这一层，所以，歌词中茶烟频现——

> 风起雁南下，景萧萧，落黄沙。独坐沏壶茶，沏成一夜灯下。
>
> 晨霜攀黛瓦，抖落霜，冷了茶。

这一盏茶，还真是从古沏到今，何尝断绝！词中逸出的这茶烟一缕，是情深不绝，也是幽魄耿耿，亦见清雅无限。

家常茶饭

茶,不仅仅是清雅的标配,也是家常的范式。《梦粱录》里就记有:"人家每日不可缺者,柴米油盐酒酱醋茶。"今天,一般是把酒去掉了,称之为"开门七件事"——"柴米油盐酱醋茶"。其实这个说法,元代就已盛行。元杂剧当中,像是《度柳翠》《百花亭》《玉壶春》等等,上场诗里便屡见这样的套话:

早晨起来七件事,柴米油盐酱醋茶。

同样是元代人,《中原音韵》的作者周德清还写过一首小令,敷演了一番七件皆无的窘况：

倚蓬窗无语嗟呀，七件儿全无，做甚么人家？柴似灵芝，油如甘露，米若丹砂。酱瓮儿恰才梦撒，盐瓶儿又告消乏。茶也无多，醋也无多。七件事尚且艰难，怎生教我折柳攀花？

开门七件，如此家常，而茶位列其中，可知乃是每日必需，离它不得。是以，无怪乎纸上升腾起的缕缕茶烟中，也有许多不关风雅，反是系诸生活之日常，有着更多、更亲切的人间烟火气息。

于是乎，茶常常与饭并举，现下人们的口头禅中，还有着"茶饭不思"一语。有意思的是，成为家常的茶饭，却也常常用来比拟大道至理。《五灯会元》当中就记有：

道楷云："佛祖言句，如家常茶饭。"

朱熹论学也曾云：

所示讲义，发明深切，远方学者，得所未闻，计必有感动而兴起者。然此恐但可为初学一时之计，若一向只如此说，而不教以日用平常意思、涵养玩索工夫，即恐学者将此家常茶饭，做个怪异奇特底事看了，日逐荒忙，陷于欲速助长、躁率自欺之病，久之茫然无实可据。则又只学得一场大话，互相恐吓，而终无补于为己之实也。

《宋元学案》所记上蔡语也有类似的表达：

谢子曰："吾曾问庄周与佛如何，伊川曰：'庄周安得比他佛！佛说直有高妙处；庄周气象大，故浅近。如人睡初觉时，乍见上下东西，指天说地，怎消得恁地。只是家常茶饭，夸逞个甚底！'"

《明儒学案》说得则更简要——

学问原是家常茶饭，浓酽不得，有

一毫浓酽，与学便远。

道本家常茶饭，无甚奇异，好奇趋异，反失之。

这样家常的茶饭，亦不时于诗句中得见。诗句中的家常茶饭，读来的确别有一番异样的情致——茶，不复是月廊雪窗风亭雨轩所特有之物，反成了洒满阳光的庭院一方，是人家檐牙上的茅草与炊烟，是盏中映照的色色声响。是以，在陆游笔下，我们读到"茅檐唤客家常饭，竹院随僧自在茶"；在杨万里的集中，又有那"粗茶淡饭终残年"。这是何其平凡却又无限灵动的生活！褪去光色浮华，舍掉那做派排场，"逢茶即茶，逢饭即饭"，人生若真能解此，又有什么样的得失无法抛开，什么样的浮沉不能忘怀。

在旧日春风里

汪曾祺写过这样的话:"如果我现在还算一个写小说的人,那么我这个小说家是在昆明的茶馆里泡出来的。"显然曾经一度,在这座以春天命名的城市里,茶馆是叫人印象深刻的所在。然而,不知道从什么时候起,那些茶馆茶事都已在时光中失掉了轮廓。倘若想要寻得些微茫的印迹,也许,唯有在陈年的笔墨中,在旧日的春风里……

关于昆明茶馆的那些记忆,写得最为生动、浓酽的,还是要数茶馆里泡出来的这位小说家汪曾祺。跟随他的笔触,我们就和一个面容陌生、茶香四溢的昆明不期然相逢了。

那时候,黑龙潭不只有"两树梅花一潭水,四时烟雨半山云",还有好泉和佳茗——

> 我喝过的好水有昆明的黑龙潭泉水。骑马到黑龙潭,疾驰之后,下马到茶馆里喝一杯泉水泡的茶,真是过瘾。泉就在茶馆檐外地面,一个正方的小池子,看得见泉水咕嘟咕嘟往上冒。

那时候,翠湖也并非一个普通的公园。它明爽阒寂,有着可以给予昆明人浮世安慰的湖光树影。而在湖光树影之间,还有一间间茶馆煦暖着人情。

> 路东伸进湖水,有一个半岛。半岛上有一个两层的楼阁。阁上是个茶馆。茶馆的地势很好,四面有窗,入目都是湖水。

现而今,走在翠湖嚣杂的人群中,想起这样的文字,霎时间世界就静了下来，只剩下那仍旧一碧的湖水，映着春天的树色，轻拍岸边。

那时候，昆明茶馆里卖的茶，也有着春天一般的神情，清亮而斑斓。

昆明茶馆里卖的都是青茶，茶叶不分等次，泡在盖碗里。文林街后来开了家"摩登"茶馆，用玻璃杯卖绿茶、红茶——滇红、滇绿。滇绿色如生青豆，滇红色似"中国红"葡萄酒，茶叶都很厚。滇红尤其经泡，三开之后，还有茶色。我觉得滇红比祁（门）红、英（德）红都好，这也许是我的偏见。

现在的文林街，林立的是酒吧与咖啡馆，弥散的不再是茶香。想要在其间邂逅一盏滇红、滇绿，已经成了不大可能的事情。更何况，是遇到这样一种连徐霞客都喝过的茶：

我在昆明喝过大烤茶。把茶叶放在粗陶的烤茶罐里，放在炭火上烤得半焦，倾入滚水，茶香扑人。几年前在大理街头看到有烤茶缸卖,犹豫一下,没有买。买了,放在煤气灶上烤,也不会有那样的味道。

是啊,"那样的味道",就是这座城市曾经拥有过的扑人的蕴藉——哪怕,是在市声浩荡的茶馆里,在横涂竖抹的斑驳墙壁上……

茶馆的墙壁上张贴、涂抹得乱七八糟。但我却于西墙上发现了一首诗,一首真正的诗:
记得旧时好,
跟随爹爹去吃茶。
门前磨螺壳,
巷口弄泥沙。

被时光晕黄了的旧日辰光,总是不待渲染,就格外的动人。在这样的辰光里,我们捡拾着诗意,也打捞着这城市渐被遗忘的性情。

大学二年级那一年,我和两个外文系的同学经常一早就坐在这家茶馆靠窗的一张桌边，各自看自己的书，有时整整坐一上午，彼此不交语。我这时才开始写作，我的最初几篇小说，即是在这家茶馆里写的。茶馆离翠湖很近，从翠湖吹来的风里，时时带有水浮莲的气味。

没有人声沸扬，没有市味杂呈，昆明的茶馆茶事，就是旧日春风里轻轻扬起的一丝温煦，一抹宁静。昆明这座城市，也是一样的。所以，在翠湖吹来的风里走过，不是为了遇到水浮莲，甚至也不是为了遇到汪曾祺，而是为了遇到，那样一个不需要标榜都美好得无以复加的昆明。

一枕茶声梦里长

春天，真是一个"百转千回"的季节。各种鸟儿的啼鸣，嘹亮而宛转地将这个世界唤醒。韩愈诗中出现的"唤起"一种，就是这个季节最恰切也最清亮的声响。除此而外，还有卖花声。经过若干诗人若干世代的吟咏，那份湿漉漉、透着淡淡香气的韵致，已经沁入了不知道多少代人的梦中，成为春天最清越的表达。而在这"喧哗"的春日众声中，最为清洌的，还要数煮茶声。就着雨窗，对着繁花，听着茶声，那种况味，会者自然能会；不识之人，就算唇舌费尽，也难详其妙其趣。

金代刘昂写给张秦娥的一首绝句,就提到了煮茶声:

远山句好画难成,柳眼才多总是情。
今日衰颜人不识,倚炉空听煮茶声。

元好问有一首《聊城寒食》,也及煮茶声:

轻阴何负探花期,白发于春自不宜。
城外杏园人去尽,煮茶声里独支颐。

这两首诗,都是特属于春日的吟唱。由此可见煮茶之声与春天这个季候的相宜。句间的煮茶声响,道出的,即是一份淡淡的低回与怅惘。这样的怅惘,也是特属于春天的。

煮茶之声,究竟有着怎样的情味,如何就与这迟迟春日最是相宜呢?元人谢宗可写过一诗,专咏煮茶之声:

龙芽香暖火初红,曲几蒲团听未终。
瑞雪浮江喧玉浪,白云迷洞响松风。
蝇飞蚓窍诗怀醒,车绕羊肠醉梦空。

如诉苍生辛苦事，蓬莱好问玉川翁。

"瑞雪"句，写其声之美；"白云"句，状其声之幽。"蝇飞"句虽诗味索然，却也写出了茶声之细；车绕羊肠之形容，则是极言茶声之曲折与清峭。这样的声响，毫无喧嚣之态，一径幽闃清洌，和春天一样，也有着唤醒的功能。只不过，它唤醒的是诗怀隐隐，是春梦沉沉。

其中，羊肠车转云云，见诸黄庭坚《以小团龙及半挺赠无咎并诗用前韵为戏》："曲几团蒲听煮汤，煎成车声绕羊肠。"之后，吴文英《水龙吟·惠山酌泉》，在咏茶声时也这般写道：

艳阳不到青山，古阴冷翠成秋苑。吴娃点黛，江妃拥髻，空蒙遮断。树密藏溪，草深迷市，峭云一片。二十年旧梦，轻鸥素约，霜丝乱、朱颜变。　　龙吻春霏玉溅。煮银瓶、羊肠车转。临泉照影，清寒沁骨，客尘都浣。鸿渐重来，夜深华表，露零鹤怨。

把闲愁换与，楼前晚色，棹沧波远。

而在诸多咏及茶声的诗词中，个人最为喜爱的，还是夏承焘这阕《琐窗寒》：

一片花飞，流莺啼散，故家吟社。沧桑挂眼，历历绿阴亭榭。似茶声、绕枕未消，晚涛正闹松窗罅。剩度湖旧月，重帘幽楯，照人如画。　　临夜，寒钟打。便唤起吟魂，再来应诧。凭高倦眼，莽莽春愁难写。避狂尘、障扇自归，乱鸦又送哀歌下。待移灯扪石，来听山鬼宣和话。

这一阕词,是由各色声响建构而成。啼散之莺声,宛转中可闻低回;夜来之寒钟,其冷冽可知;乱鸦声哀,山鬼声幽。至于写及茶声那几句,更是动人已极。"似茶声、绕枕未消,晚涛正闹松窗罅",黄昏松涛与绕枕茶声,二者之间的那份相似,正在清意难掩,诗魂与共。

春日迟迟,听他雨声一窗,茶声一枕,又有什么样的尘情消他不得,什么样的吟魂唤他不回。

歌未央，茶亦然

读鹿桥的《未央歌》，总忍不住跟着书中人物的步伐，和他们一同徜徉。在谈笑声中，走过那些名字熟悉的街巷，也走过那些并无二致的天气与辰光。那份感觉，就好像遭遇了难以言说的乡愁，一缕缕，在书页间不经意地逸出、泛起、缠绕……

而跟着小童他们一路走来，除了遇到熟悉风物的惊喜，也会诧异于当日昆明的茶馆风情——四处可见的林立的茶馆，挥洒着，也收纳着，那些不可复制的青春。

像是凤翥街，"一路都是茶馆"，

到处都可见熟人,"小童早看见一家沈氏茶馆里坐了几个熟朋友喊了一声就往里跑"。而学生与茶馆的叠加,发生了奇异的化学变化——学生们坐在茶馆里,不仅没有沾染上市井的粗鄙,更没有肆意地荒怠时光。这茶馆里的谈论,似乎总是有着规定动作:

  在茶馆里高谈阔论的很少。这几乎成为一种风气。在茶馆中要不就看书做功课,若是谈天只能闲谈些见闻,不好意思辩论什么道理……

  学生们坐茶馆已经成了习惯。为了新舍饮水不便,宿舍灯少床多,又无桌椅。图书馆内一面是地方少,时间限制——凭良心说人家馆员可够辛苦了,早上、下午、晚上都开。还能不叫人家吃饭吗?——或是太拘束了,他们都愿意用一点点钱买一点点时间,在这里念书,或休息。这一带茶馆原来都是走沙朗、富民一带贩夫、马夫、赶集的小商人们坐的,现在已被学生们侵略出一片地土来,把他们挤到有限的几家小茶馆去了。

如此亲切的笔墨，当日昆明茶馆的氛围瞬间鲜活。它有着突出的素朴，以及自由，还有专注。不知道汪曾祺和鹿桥二位当日有没有在这样的茶馆当中相遇过，不过他们笔下所勾勒出的，却是一般叫人印象深刻的茶馆与学生的那份相得。这样的一扇窗，这样的一盏茶，所凝结与呈现的究竟是什么，这是需要我们深味与思考的。

如果走入了一家没有被学生占据的茶馆，所见则是全然两样的：

忽然他走过一家光线很暗的茶馆，里面黑压压地全是人。全是白日里下苦力、赶马、拖车的人，他们来这里只是为了一杯茶和一个晚上的休息。所以他们不用明亮的灯光来看彼此的脸。而一桌上又可以挤上许多人。只要不妨碍彼此把腿放在凳子上把膝头抱在胸前，能够有几个人聚在一桌闲谈便满足了。

不过就算看到偶尔走进来的学生，那些闲谈的人也不以为意，毕竟昆明满街都是学生；至于学生，就算置身那样一个嘈杂的环境，满耳朵人声鼎沸，还有"大竹筒做成的云南水烟筒呼呼地响着"，也能够毫不为意，继续做着自己的事情。毕竟，"大家都是一杯茶的饮客，谁也不必顾忌谁"。

的确，"大家都是一杯茶的饮客，谁也不必顾忌谁"，一段不期而至的风云际会，成就了这城市最动人也最隽永的青春故事。而那些有关茶馆的文字，也框住了这座城市曾经有过的神情——自在又从容，温煦而恬淡，就这么，在一盏盏茶的温热中照映，并记忆。

暂同杯茗

人世当中，有太多的际遇。奋发精进有时，沉沦颓唐有时；欣悦难抑有时，幽愤难当有时；长醒酒肆有时，高卧北窗亦有时……其实，无论什么样的际遇，哪怕浮沉异势，地覆天翻，都不妨衔杯把盏，暂同杯茗。一盏虽小，亦是系诸世相之物，甚至可充人情之大窍——邀明月者，浇怀抱者，杯酒可以，杯茗亦然。

说起来，茶不过是寻常之物。就算价格再属不菲，名列珍品极品，也不过只是在啜饮之间消磨。可若是读了些书，经了些事，知晓了一些尘世纷纭，同样一盏茶汤，映照的光景也许就不复相同，能够味到的层次，也可能迥异前时。茶，从来就不止甘香一层。懂得了这一点，也许才多少触到了所谓人生。风云阅尽，世情勘破，胸中澹荡，哪怕此时只得一盏村茶，却也可味出许多的深邃，乃至悠长。夏承焘这阕《鹧鸪天》，所写便如上云：

鹧鸪天

滩响招人有抑扬，幡风不动更清凉。若能杯水如名淡，应信村茶比酒香。　　无一语，答秋光。隔年吟事亦沧桑。笻边谁会苍茫意，独立斜阳数雁行。

不过这世上，能够杯水如名淡，又有几人呢？所以，能会苍茫意，能味村茶香，又有几人！同样又有几人，能够在寻常琐碎间，捡拾到无边的诗情。且看解人笔下，夫妇相处之日常，一盏茶自可照映——

风入松

中年以后说恩情,饭软与茶清。正如久作西湖客,等闲忘黛碧螺青。双燕漫窥双影,孤山只爱孤行。　画船日日过娉婷,羡我好林亭。段桥沽酒西泠籴,不须嫌如此劳生。记取邻翁一语,他年画也难成。

众人艳羡的,不过是与平湖秋月毗邻的上佳山水园林,有几人懂得,在那饭软茶清间漫萦的无尽柔情。能够在寻常中味出不常,这样的人,足称善味之人,堪为茶之知己。

而在友朋相聚之际,一盏茶也可以承寄相思无尽——

临江仙

权作武夷山顶会,人间万事如麻。尊前相望抵天涯。题襟犹汐社,吹帽尽胡沙。　客里香醪从似蜜,不归总负黄花。叩门一盏雁山茶。平生吴季子,归梦为君赊。

"叩门一盏雁山茶"，看似平淡的字句，其间却是思绪摇荡——那些数不清的挂牵与思念，欲诉未诉间，最足动人。特别是在万事如麻的时刻写来，这中间的深挚，又何用多言。所以，茶虽一盏，却可温煦如斯，隽永如斯。

人世之中，无处不是寄，无处不是遇。遇一窗松风，自可把盏洒落，与那清洌疏爽相对；遇一檐春雨，也宜临窗啜饮，味那点滴诗心；就算遇到坎坷苦辛，蹭蹬穷老，又何妨持杯浩叹，将苍茫立尽。"暂同杯茗亦前缘"，一灯之下，一盏之中，自可刹那释怀，片刻相亲。

饭饱茶香

宋代词人多咏茶之作。翻开《全宋词》，可谓是满室茶香，纸上袭来。不过，这宋人喝茶，喝的是情致各异，茶也各具面目神情。

比如说，苏轼词中的茶，往往一色清癯，文气十足。所以，新火新茶，对的是诗酒年华；喝一盏茶，就凉生两腋清风，庭馆安静，人亦从容。一句"子瞻书困点新茶"，足见东坡与茶之相亲，总是发生在纸砚之侧、书窗之下。

黄鲁直词中的茶，则多是风情万种，色色旖旎。像是"烹茶留客驻金鞍"，带出的，就是"别郎容易见郎难"的缠绵意态；至于"便索些别茶祇待"，应和的，纯是"自见来，虚过却、好时好日"的伤怀；还有"天气把人僝僽。落絮游丝时候。茶饭可曾忺，镜中赢得销瘦"，又与柳七何异！

秦少游词中的茶，所状虽非"酒边花下"，却也"一往而深"，的确"闲雅有情思"。所以一盏茶尽，余欢却未尽，在在是"欲去且流连"；而"一线碧烟萦藻井，小鬟茶进龙香饼"，更是娇慵满纸，再续之以"闲折海榴过翠径"，便有满目夏日的香气——果然诗是女郎诗，茶也低回着丝丝缕缕的女子气息。

而在这若干茶词当中，最令我心折的还是朱敦儒的作品——褪尽了光色，几无诗意的追求及经营，最简淡的笔墨，却写出了最为佻达的态度，且又佻达得富含人间情味——叫人备感亲近，也能够亲近。

朱敦儒有一首《朝中措》这么写道：

先生筇杖是生涯。挑月更担花。把

住都无憎爱，放行总是烟霞。飘然携去，旗亭问酒，萧寺寻茶。恰似黄鹂无定，不知飞到谁家。

说起来，苏东坡最叫人倾慕的地方就在那份始终不移的旷然天真、潇洒放达，不过因为他才气太过纵横，简直就如皓月一轮，所以世人唯得仰望。朱敦儒不同。他的放达并非那么高不可攀，时而诙谐，时而俗俚，时而老苍，有着近乎曲一般的蔬笋气味，是可以企及的人间灯烛。

最能体现上述特点的，要数他的这么两首词：

减字木兰花

有何不可。依旧一枚闲底我。饭饱茶香。瞌睡之时便上床。百般经过。且喜青鞋踏不破。小院低窗。桃李花开春昼长。

诉衷情

月中玉兔日中鸦。随我度年华。不

管寒暄风雨，饱饭热煎茶。　居士竹，故侯瓜。老生涯。自然天地，本分云山，到处为家。

"饭饱茶香。瞌睡之时便上床""饱饭热煎茶"，这哪里像词的言语，简直就是大白话。拿现在的话讲，这也未免太接地气了。当今的骚人雅士，恐怕是耻于写出这等词句的。可相比那些堆叠藻绘的茶语茶文，我倒更为向往这等词句勾勒出来的天地与生涯——小院低窗，饭饱茶香，瞌睡之时便上床；"自然天地，本分云山，到处为家"——如此不矫饰，不造作，自然澹荡，更见诗意亘永、写意非常。像这样驱遣光阴，毫不作态地饮茶，永远做一枚"闲底我"，还真是"有何不可"。而这样的骄傲与自恃，几人会得，又何足与外人道哉！

自然天地，本分云山，到处为家，行处有茶——是等生涯，也唯有真知茶者，方才能够抵达。

闲话茶事

明人高濂《遵生八笺》有所谓"煎茶四要",第一要就是"择水":

一择水　凡水泉不甘,能损茶味,故古人择水最为切要。山水上,江水次,井水下。山水,乳泉漫流者为上,瀑涌湍激勿食,食久令人有颈疾。江水,取去人远者。井水,取汲多者,如蟹黄浑浊咸苦者,皆勿用。若杭湖心水,吴山第一泉,郭璞井,虎跑泉,龙井,葛仙翁井,俱佳。

泡茶的水,确实要讲究。只不过,今天恐怕已经没有人愿意在江心、湖心直接汲水烹茶了。井水，无论清澈与否，也是较为罕见的存在了。现而今泡茶，最佳的选择还是山泉。这也正是高濂所说："源泉必重，而泉之佳者尤重。"而且，不同山质，水亦有别——"山厚者泉厚，山奇者泉奇，山清者泉清，山幽者泉幽，皆佳品也"。云南的群山，基本上都可谓山势厚重、绵延莽苍，所以其间的泉水，也大多味厚有棱角。这样的水，拿来冲泡古树普洱，洵为天然佳配。可见喝茶，总是当地的水最宜当地的茶。

第二要则是"洗茶"：

二洗茶　凡烹茶，先以热汤洗茶叶，去其尘垢冷气，烹之则美。

现在我们喝茶，虽然已经不复烹煮茶叶，但洗茶的步骤仍不可少。毕竟，要在涤尘去垢之后，方才能够品到茶之真味真香。

第三要是"候汤"。当下喝茶，很少得见所谓烹煮之事，不过看看古人如何观汤,也还是颇有趣味的。

三候汤　凡茶须缓火炙,活火煎。活火,谓炭火之有焰者。当使汤无妄沸,庶可养茶。始则鱼目散布,微微有声;中则四边泉涌,累累连珠;终则腾波鼓浪,水气全消,谓之老汤。三沸之法,非活火不能成也。最忌柴叶烟熏煎茶,若然,即《清异录》云五贼六魔汤也。

凡茶少汤多则云脚散,汤少茶多则乳面聚。

今天茶事仍见炭火烹煮的,大概就只有云南大理、临沧等地的百抖茶了。火塘边,随意煨着一个小陶罐,伴上夜色与闲话,那种风情,又和文人的清雅有所不同。

第四要,则为器具上的讲究:

四择品　凡瓶要小者,易候汤,又点茶注汤相应。若瓶大啜存停久,味过则不佳矣。茶铫、茶瓶,磁砂为上,铜锡次之。磁壶注茶,砂铫煮水为上。《清异录》云："富贵汤，当以银铫煮汤，佳甚，铜铫煮水，锡壶注茶次之。"

茶盏惟宣窑坛盏为最，质厚白莹，样式古雅，有等宣窑印花白瓯，式样得中，而莹然如玉。次则嘉窑心内茶字小盏为美。欲试茶色黄白，岂容青花乱之？注酒亦然。惟纯白色器皿为最上乘品，余皆不取。

从"磁砂为上，铜锡次之"来看，作者重视的显然是器皿对于茶味的保真。今天喝茶，其实也是一致的。壶与杯，就材质而论，宜兴的紫砂、云南建水的紫陶都是上选。一则它们对茶味没有更多的损害，二则紫砂、紫陶还能凝萃茶香，尤其是对普洱茶而言。再有一个，就是紫砂、紫陶传递出来的那份朴拙的美，那种能够随着时光变化的姿态，最能凸显饮茶一事的美学品格。

关于"斗茶"

关于宋代"斗茶"之事,范仲淹写过一首《和章岷从事斗茶歌》。按照扬之水的说法,这是谈及两宋斗茶,"述之最详且最早者"。其诗曰:

年年春自东南来,建溪先暖冰微开。
溪边奇茗冠天下,武夷仙人从古栽。
新雷昨夜发何处,家家嬉笑穿云去。
露芽错落一番荣,缀玉含珠散嘉树。
终朝采掇未盈襜,唯求精粹不敢贪。
研膏焙乳有雅制,方中圭兮圆中蟾。
北苑将期献天子,林下雄豪先斗美。
鼎磨云外首山铜,瓶携江上中泠水。
黄金碾畔绿尘飞,紫玉瓯心雪涛起。

斗余味兮轻醍醐，斗余香兮薄兰芷。
其间品第胡能欺，十目视而十手指。
胜若登仙不可攀，输同降将无穷耻。
于嗟天产石上英，论功不愧阶前蓂。
众人之浊我可清，千日之醉我可醒。
屈原试与招魂魄，刘伶却得闻雷霆。
卢仝敢不歌，陆羽须作经。
森然万象中，焉知无茶星。
商山丈人休茹芝，首阳先生休采薇。
长安酒价减千万，成都药市无光辉。
不如仙山一啜好，泠然便欲乘风飞。
君莫羡花间女郎只斗草，赢得珠玑满斗归。

实际上，这首诗不只写了"斗茶"，像是茶叶产地、采茶季候、采茶光景，包括茶之研焙，诗中都有涉及。宋代人喝茶的讲究，读这首诗也就能够知道个大概了。与读《大观茶论》之类，可谓极其相似。

诗以"斗茶"为题，重点写的也是"斗茶"，这是一种在当时就并非那么大众的喝茶行为，多半与皇室宫廷相关。"北苑将期献天子，林下雄豪先斗美"，这说的是斗茶缘起。扬之水据此认为，所谓两宋斗茶，特别是所谓北苑斗试，乃"以蔡襄作而《茶录》传入宫廷，至徽宗朝，更于稀和贵中取其精和巧，因成一种极为精致的宫廷茶戏"。

具体的，宋代斗茶的方法，就是点茶。蔡襄《茶录》关于点茶的描述则有：

> 茶少汤多，则云脚散；汤少茶多，则粥面聚（建人谓之云脚、粥面）。钞茶一钱匕，先注汤，调令极匀，又添注之，环回击拂。汤上盏，可四分则止，视其面色鲜白，著盏无水痕者为绝佳。建安斗试以水痕先者为负，耐久者为胜，故较胜负之说，曰相去一水、两水。

一观云脚，二观水痕，这便是两宋斗茶的讲究。由此可见，宋人的茶事茶俗，比之我们今天，还真是大不相同。后来人再写斗茶云云，基本多异于两宋风习。

依照范仲淹的诗句，斗茶辨的是品

第，茶之味与香等，俱能在斗茶的过程中得到充分的彰显。这样绝佳的茶饮，不但可以清众人之浊，醒千日之醉；甚至，能够震慑刘伶之心神，招屈子之魂魄。尽管饮法已是迥异，但茶功用之卓绝，却依旧令人每饮而叹息——感激在森然万象之中，有此一味之存！端午将至，何妨凭栏一啜，虽不见得会有更多的好处，却可赢得清风万顷。

最茶的茶

最近一期《文汇笔会》刊登了黄永玉的一篇文章：《水、茶叶和紫砂壶》。文中写到了两次20世纪的喝茶经历，实在是动人之极。第一次，是1945年，在江西寻邬县道边的一个小茶棚。作者这样写道：

……半路上在一间小茶棚歇歇脚，卖茶的是一位严峻的老人。

"老人家，你这茶叶是自家茶树上的吧？"

"嗯……"

"真是少有，你看，一碗绿，还映着天影子。已经冲三次开水了，真舍不得走。"

"嗯……"

读这样的段落,不期然就想到了苏轼的句子——"酒困路长惟欲睡,日高人渴漫思茶"。的确,走很长的路,偶遇道旁茶棚的那份欣悦,过去的诗文戏曲小说里习见,可谓是旧时行路之寻常景况,却是我们今天几乎无从得遇的一味清凉。更不要说,茶棚里还坐着这么一位严峻的老者,寡言少语地应对着这一路上不曾停歇的烦嚣;以及这么一碗,映着天影子的绿色的茶……这样的镜头,就像是出自于是枝裕和的电影,淡淡地,讲述着岁月和过往。而这样一碗绿的写意与蕴藉,却早已远去在时间的烟尘中,只是在黄永玉的笔下还存有记忆深处的一抹鲜活。

第二次,发生在20世纪60年代西双版纳竹楼的夜晚。房主是一位老奶奶,本地人口中的"老咪头"(一般写作老米涛):

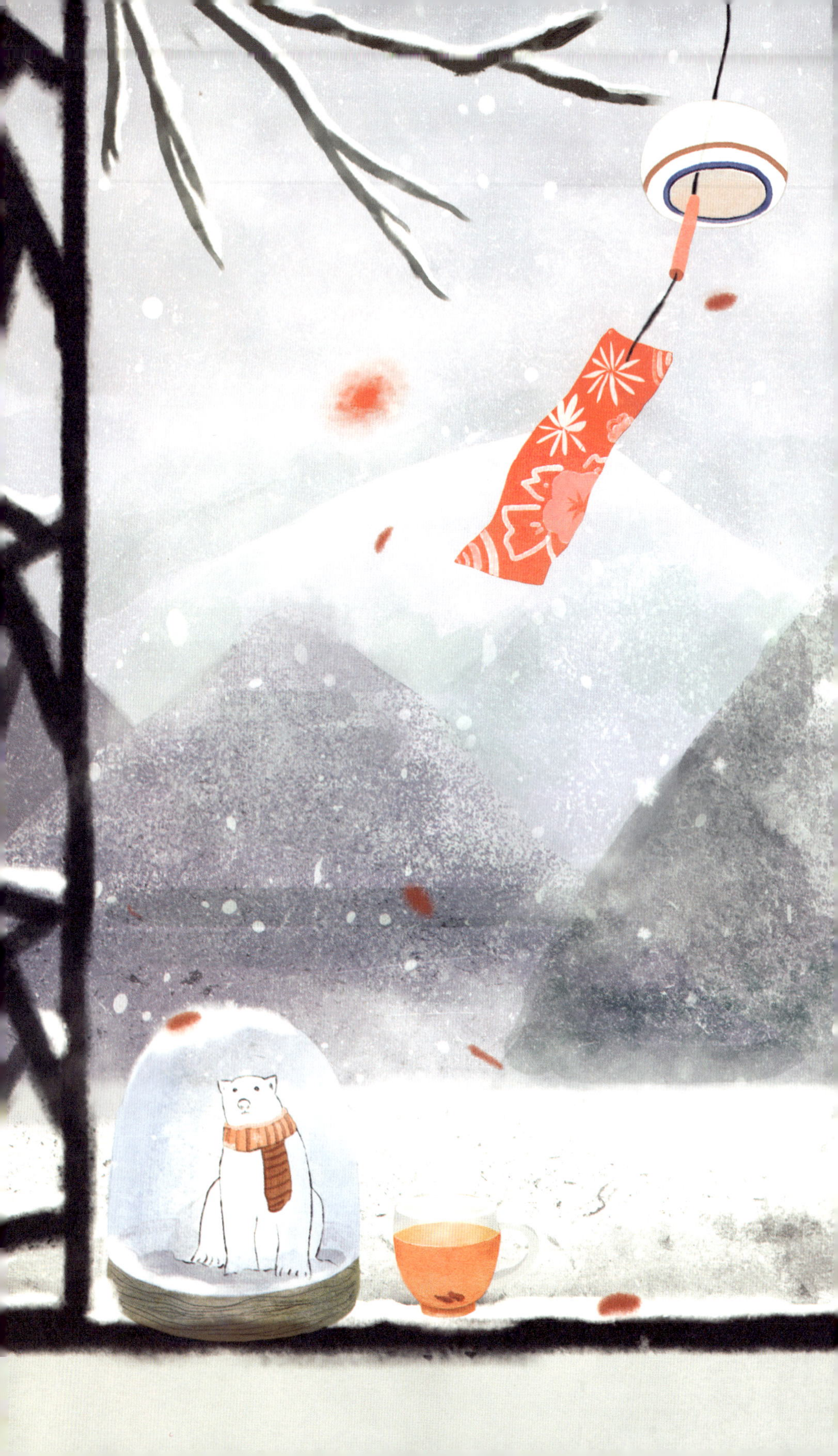

有一天晚上，"老咪头"说要请我们喝茶。

她有一把带耳朵的专门烧茶的砂罐，放了一把茶叶进去，又放了一小把刚从后园撷下的嫩绿树叶，然后在熊熊的炭火上干烧，看意思她嫌火力太慢，顺手拿一根干树枝在茶叶罐来回搅动，还嫌慢，顺手用铁火钳夹了一颗脚拇趾大小红火炭到罐子里去，再猛力地用小树枝继续搅和。这时，势头来劲了，罐子里冒出浓烈的茶香，她提起旁边那壶滚开水倒进砂罐里。

罐子里的茶像炮仗一样狠狠响了一声，登时满溢出来，她老人哈哈大笑给我们一人一碗，自己一碗，和我们举杯。

这是我两口子有生以来喝过的最茶的茶。绝对没有第二回了。

这一段，把傣族人家日常喝的烤茶记录得细腻淋漓，声色并见。只不过，烤茶的罐子是陶罐而非砂罐，而且往往就是家里的"老咪头"亲手制成，粗砺中透着朴拙的美。到今天，傣族人家仍然基本离不开烤茶,竹楼的火塘边,常常可见那么一个烤得黝黑的陶罐。烤茶的步骤,的确是先放茶叶,待茶叶烤出香气后,再把一壶开水沏到罐中。那一瞬间,不但会有爆裂的声响,茶汤的满溢,更会有香气,那样一种浓烈鲜明的茶的香气,不容分说地在房间里四散充盈。这样沏出来的茶,既香更酽,就连一般的老茶客,估计都承受不了那份厚重与浓郁。最茶的茶,这四个字用得真是有韵。之所以能被称为"最茶的茶",除掉滋味之强烈丰富,大概就在那份无可比拟的生活底色,烟火气息。

说起来,最茶的茶,最蕴藉的蕴藉,最自然的自然,其实从来都系诸最日常的日常,不容任何刻意,也不待任何找寻。

茶墨之间

茶与墨,就我们今天而言,似乎难得一见并举出现。就古人而言,却是风雅生活不可或缺的两项。虽然一则饮事,一则书事,但都堪品鉴把玩;虽然关乎的都是生活之雅韵,但二者之间却明显有着相反的属性。二者时常并出于旧日文人笔下,这一点,在苏轼集中,表现得最为分明。

苏轼有《书墨》一篇,写道:

> 余蓄墨数百挺,暇日辄出品试之,终无黑者,其间不过一二可人意。以此知世间佳物,自是难得。茶欲其白,墨

欲其黑。方求黑时嫌漆白，方求白时嫌雪黑，自是人不会事也。

墨欲其黑，古今一也。茶欲其白，这倒是宋代特有的讲究。今天的茶，不见得都强调其白，但是好茶，汤色一定是清冽澄明的。不过，世间好物皆属难得，要想求得真正可心意的，无论茶还是墨，那都不是一件易事。

另一篇《书茶墨相反》，集中写了茶与墨的差别：

茶欲其白，常患其黑。墨则反是。然墨磨隔宿则色暗，茶碾过日则香减，颇相似也。茶以新为贵，墨以古为佳，又相反矣。茶可于口，墨可于目。蔡君谟老病不能饮，则烹而玩之。吕行甫好藏墨而不能书，则时磨而小啜之。此又可以发来者之一笑也。

白与黑，新与古，这是茶墨最大的分野。一个可于口，一个可于目，这又是用途上的显著差异。这一篇最妙的地方,倒不在于将差异归纳精到,而是让我们看到了有关茶墨的痴性。好茶者,到不能饮时,仍然要"烹而玩之"。好墨者,即便自己不擅书,也不时将墨磨来小啜一番。痴到这个地步,那性情真是饱满之至、生动之极。

苏轼关于茶墨的议论,当然并不止于此。他所写的《记温公论茶墨》,就仍在意犹未尽地探讨着茶墨之间的种种:

> 司马温公尝曰:"茶与墨政相反。茶欲白,墨欲黑,茶欲重,墨欲轻,茶欲新,墨欲陈。"予曰:"二物之质诚然,然亦有同者。"公曰:"谓何?"予曰:"奇茶妙墨皆香,是其德同也。皆坚,是其操同也。譬如贤人君子,妍丑黔皙之不同,其德操韫藏,实无以异。"公笑以为是。

茶墨之异,谈来谈去也就那么几项。这则文字值得注意之处,在于苏轼眼中,茶墨之相同。在他看来,茶墨两种，皆以香为贵，这是二者共同的"德"；又都以坚为重，这又是二者共有之"操"。这就好比贤人君子，外可以形形色色，各不相似，究其内里，却有着根本一致的品性节操。从茶墨异同谈至人之品性，行文却毫无生硬造作处，这就是东坡的难得。

《记王晋卿墨》一篇也十分有趣，其文写道：

> 王晋卿造墨，用黄金丹砂，墨成，价与金等。三衢蔡瑫自烟煤胶外，一物不用，特以和剂有法，甚黑而光，殆不减晋卿。胡人谓犀黑暗，象白暗，可以名墨，亦可以名茶。

原来黑要黑到无光，白也要白到无光，这才是宋人眼中墨与茶的极品至境。因为有光的黑或白，无论如漆还是似雪，都欠缺了那么一些醇厚与深沉。过于表象的，往往是未入至境的。就今天喝茶而论，对于"白"的崇尚异于昔时，然而道理，其实还是一样的。

后记

读书与喝茶，构建了我的日常，一如窗前的远山，天外的云霞。

喝茶一事，除了涤烦去闷，清心凝神，还可以片时之间，远离嚣壤。倚窗把盏，听由山川萦怀、岁月啸咏，共他晴岚满目、白云满心。

读书伏案，则有展卷舒心，神驰情往。刹那之间，也能置身红尘之外、千古之中，任时间在身侧滔滔滚滚，最难得片刻相对、霎时会心。

于是，书侧总有一盏踪迹。饮时节，茶色与旧日焕然照映，纵横出入，慷慨深沉，味之不尽。读时节，纸上亦有茗香逸出，松声泛起，清越无边，叫人俯仰。

多少雨屋灯深、星檐月小，又有多少今古繁华、世事苍茫，茶烟书色，缀成字句，是为生涯，只待素心人清赏。